▲ 玄关柜 7

▲ 玄关柜 8

▲ 鞋柜 11

▲ 餐边柜 1

▲ 餐边柜 2

▲ 酒柜 6

▲ 电视柜 13

▲ 电视柜 14

▲ 阳台柜 1

▲ 阳台柜 2

▲ 阳台柜 3

▲ 阳台柜 4

▲ 装饰柜 6

▲ 阳台柜 5

▲ 双人床 2

▲ 双人床 5

▲ 多功能组合床 2

▲ 多功能组合床 3

▲ 多功能组合床 1

▲ 多功能组合床 6

▲ 床头柜 2

▲ 衣柜 11

天工在线 ◎ 编著

CAD 家具设计图纸大全

全屋家具

定制 案例集锦

中国水利水电出版社
www.waterpub.com.cn
·北京·

内 容 提 要

　　本书结合当前流行的家具设计风格，集中展示了21种家具设计单元、200套不同风格的的家具设计工程图纸和部分典型效果图，包含了玄关柜、鞋柜、隔断柜、餐边柜、酒柜、吧台、橱柜、电视柜、装饰柜、阳台柜、床、多功能组合床、床头柜、床头和床头柜组合、梳妆柜、衣柜、衣帽间、榻榻米、书柜、书柜和书桌组合、浴室柜等家具单元的立面图、平面图、结构图等，为从业人员提供精准的设计方案。

　　本书设计规范、案例经典，适合作为从事建筑设计、家具设计和室内装潢设计的工程技术人员的快捷参考手册，也可作为相关专业在校学生和设计爱好者的学习参考手册。

图书在版编目（CIP）数据

全屋家具定制案例集锦 / 天工在线编著 . —北京：
中国水利水电出版社，2023.6
　ISBN 978-7-5226-1492-2

　Ⅰ.①全… Ⅱ.①天… Ⅲ.①家具—设计—作品集—
中国—现代 Ⅳ.① TS666.207

　中国国家版本馆 CIP 数据核字（2023）第 069477 号

书　　名	全屋家具定制案例集锦 QUANWU JIAJU DINGZHI ANLI JIJIN
作　　者	天工在线　编著
出版发行	中国水利水电出版社 （北京市海淀区玉渊潭南路 1 号 D 座　100038） 网址：http://www.waterpub.com.cn E-mail：zhiboshangshu@163.com 电话：（010）62572966-2205/2266/2201（营销中心）
经　　售	北京科水图书销售有限公司 电话：（010）68545874、63202643 全国各地新华书店和相关出版物销售网点
排　　版	北京智博尚书文化传媒有限公司
印　　刷	河北文福旺印刷有限公司
规　　格	203mm×260mm　16 开本　14.75 印张　342 千字　4 插页
版　　次	2023 年 6 月第 1 版　2023 年 6 月第 1 次印刷
印　　数	0001—5000 册
定　　价	99.80 元

前　言

家具设计是指用图形（或模型）和文字说明等方式，表述家具的造型、功能、尺寸、色彩、材料和结构。家具设计既是一门艺术，又是一门应用科学，所以在设计时既要考虑家具外形的美观性，又要考虑制作时的可行性，还要考虑使用时的舒适性。

一、本书特点

◆ 内容全面，案例丰富

本书主要介绍了多种不同室内家具单元和家具组合的布置案例，几乎包含了读者能想象到的所有家具种类和组合方式，案例数量众多、风格各异，能够满足不同用户的设计需求。

◆ 内容合理，方便查阅

本书介绍的各种家具设计案例一目了然，读者可以随时随地根据需要翻阅学习借鉴。

◆ 超值赠送，精彩关键

本书为了方便读者学习借鉴，不仅赠送了全书所有案例的 AutoCAD 格式电子源文件，还赠送了 AutoCAD 家具设计教学视频及相应源文件，帮助读者掌握本书所介绍的家具设计案例的具体方法。

◆ 服务周到，学习无忧

提供 QQ 群在线服务，随时随地可交流。提供公众号、网站下载等多渠道贴心服务。

二、本书学习资源列表及获取方法

本书提供了极为丰富的学习配套资源，具体如下。

◆ 配套资源

为方便读者学习，本书所有案例均提供 AutoCAD 格式电子源文件，共 200 个。

◆ 拓展资源

（1）AutoCAD 家具设计教学视频 135 集，118 个案例分析。

（2）AutoCAD 常用家具设计图块集（600 个）。

（3）AutoCAD 常用填充图案集（671 个）。

（4）AutoCAD 大型室内设计图纸视频及源文件（6 套）。

以上资源的获取方法和相关服务如下（注意，本书不配带光盘，以上提到的所有资源均需通过下面的方法下载后使用）：

（1）读者使用手机微信的扫一扫功能扫描下面的微信公众号，或者在微信中搜索公众号"设计指北"，关注后输入"CAD1492"并发送到公众号后台，获取本书资源的下载链接，将该链接复制到计算机浏览器的地址栏中，根据提示进行下载。

（2）读者可加入QQ群482568491（若群满，则会创建新群，请根据加群时的提示加入对应的群），与老师和其他读者进行在线交流与学习。

◆ 特别说明（新手必读）

要使用本书赠送的电子文件，请先在计算机中安装AutoCAD 2018中文版或以上版本的软件，您可以在Autodesk官网下载该软件的试用版本（或购买正版），也可以在当地软件经销商或网上商城购买安装软件。

三、关于编者

本书由天工在线组织编写。天工在线是一个CAD/CAM/CAE技术研讨、工程开发、培训咨询和图书创作的工程技术人员协作联盟，其中有40多位专职和众多兼职的CAD/CAM/CAE工程技术专家。

天工在线负责人由Autodesk中国认证考试中心首席专家担任，全面负责Autodesk中国官方认证考试的大纲制定、题库建设、技术咨询和师资力量的培训工作。天工在线的各位成员均精通Autodesk系列软件，其创作的很多书籍成为国内具有引导性的作品，在国内相关专业方向的图书创作领域具有举足轻重的地位。

参与本书编写的人员有刘昌丽、张亭、解江坤、毛瑢、韩哲、闫聪聪、孟培、卢园、李志红、万金环、胡仁喜、康士廷等，在此对他们的付出表示真诚的感谢！

四、致谢

本书能够顺利出版，是编者、编辑和所有审校人员共同努力的结果，在此对他们表示深深的感谢！同时，祝福所有读者在通往优秀设计师的道路上一帆风顺！

编　者

目　录

第1章 玄 关 柜

玄关是指居室入口（大门内）处的一片区域。在此区域设置玄关柜，能起到装饰、保持主人的私密性以及收纳鞋帽等作用。

1. 设置目的

（1）装饰作用。玄关设计是设计师整体设计思想的浓缩，人从外界进入居室的第一感觉通常来自玄关设计。好的玄关设计能对整个房间的装饰起到画龙点睛的作用。

（2）保护隐私。作用类似于中国北方民居的影壁，进门处用木头或玻璃做隔断，从视觉上对人的视线进行遮挡，避免开门后整个居室一览无余。

（3）收纳作用。一般来说，玄关柜可以用来存放衣帽、鞋袜，也可以把鞋柜、衣帽架、大衣镜等集成放置在玄关处。玄关处的装饰应与整套住宅的装饰风格相协调。

2. 设计原则

（1）下实上虚，通而不透，疏而不漏。这一点与玄关设计应保持私密性的要求一脉相承。其高度与大门大致相同，宽度应不小于大门，目的是挡住视线。为了避免太过局促，玄关柜与大门之间的间距最好保持 1.2m 及以上，不宜小于 1m。

（2）玄关柜的颜色应该下深上浅，以免头重脚轻，给人不稳定的印象。从传统文化的角度来看，玄关柜的下部可以选用红色、绿色以及主人喜欢的颜色，表达开门见喜、开门见生、开门见吉的吉祥寓意。

3. 装饰技巧

（1）显示品位。面积相对较大的居室，可以比较从容地给玄关留出完全独立、开阔的空间。玄关家具的选择也可以多种多样，以实现收纳功能与展示效果的结合，引导后续展开空间的品位。

（2）家具组合。 好的家具组合，既美观，又实用。对一般单元户型而言，可以选用长形柜分门别类地存放各类零碎物品。造型美观的置物架也是收纳的有益补充。在空间允许的情况下，尽量将玄关家具放在较隐蔽处。

许多别墅或大户型都会附带庭院，其功能类似于玄关。繁花绿树，赏心悦目，此处的玄关也可作为休闲区，安置一组长凳或桌椅，既可以在此换鞋，也可以坐下喝茶赏景。在门外安装庭院灯，便于夜间照明。

就具体的家具配置而言，屏风、地毯、装饰画、镜子、花器等配件，都能丰富玄关空间。地毯是划分玄关与客厅的合理手段。古典款式的玄关桌可以彰显典雅的氛围。抽屉可以收纳零碎物品。诸如此类配件，在设计玄关时可以灵活应用。

（3）收纳展示。小户型的面积有限，无法设置独立的玄关空间，但是一些随身携带的物品需要在进门时有个临时存放之处。这时可以选择小巧的玄关家具，在进门处创造方便实用的空间。玄关家具和衣架、镜子等配件最好风格统一，以便形成小区域的整体感。各种边柜、条形柜等家具都适合摆放在这里，色彩要尽量清新。屏风是玄关家具的有益补充，既能起到划分区域、遮挡视线的作用，也有一定的装饰性。

（4）环境统一。如果入门处的区域比较狭窄，特别是两边还有居室门的话，难免会让空间显得局促。这时选择的玄关家具应少而精，以避免拥挤和凌乱。可以尽量将家具靠墙或挂墙摆放，也可以在此放置嵌入式的更衣柜，若是放置脚凳和镜子，也尽量选择具有储物功能的。除了储物的实用功能外，还可以对尽头的墙面加以处理：挂一幅写意的装饰画，摆放一个雅致清新的墙面造型，塑造出曲径通幽的美妙意境。

玄关家具由于放置在走动频繁的走廊地带，为了进出方便，最好不要选择太大的家具；玄关家具的曲线应尽量圆润，这样既会给空间带来流畅感，也不会因为尖角和硬边框造成出入不便；桌腿可以设计成轻盈的风格，以便缓解小空间的压力。

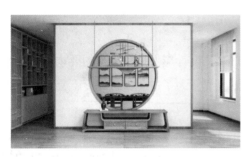 

玄 关 柜 1

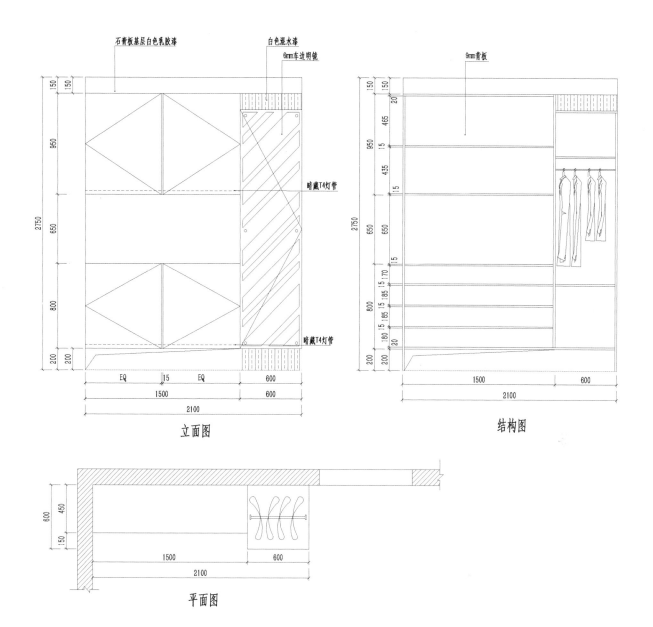

石膏板基层白色乳胶漆 白色混水漆 6mm车边明镜

9mm背板

暗藏T4灯管

暗藏T4灯管

立面图

结构图

平面图

玄 关 柜 2

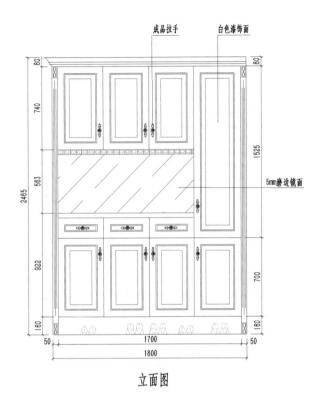

成品拉手 白色漆饰面

5mm磨边镜面

立面图

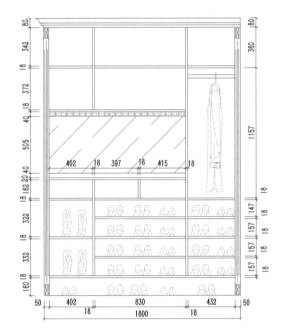

内部结构图

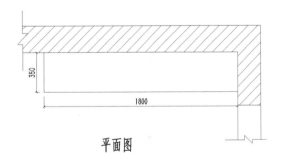

平面图

玄 关 柜 3

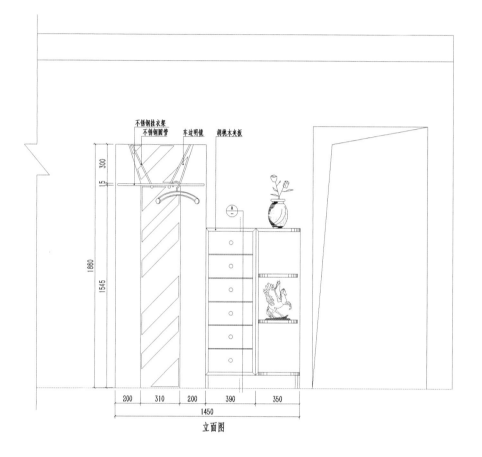

不锈钢挂衣架
不锈钢圆管
车边明镜
胡桃木夹板

300
15
1860
1545

200 310 200 390 350
1450

立面图

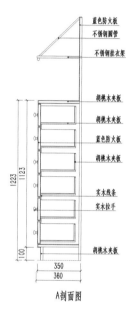

蓝色防火板
不锈钢圆管
不锈钢挂衣架

胡桃木夹板
胡桃木夹板
蓝色防火板
胡桃木夹板

实木线条
实木拉手

胡桃木夹板

1223
1123
100

350
360

A剖面图

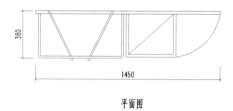

360

1450

平面图

玄关柜 4

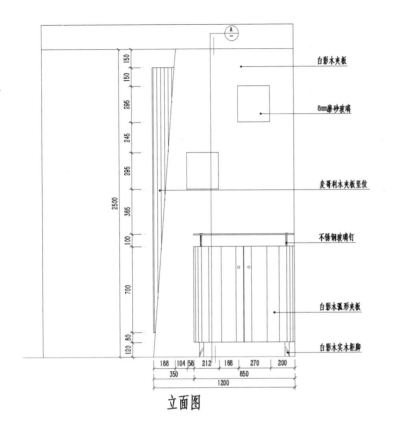

白影木夹板

8mm磨砂玻璃

麦哥利木夹板竖纹

不锈钢玻璃钉

白影木弧形夹板

白影木实木柜脚

立面图

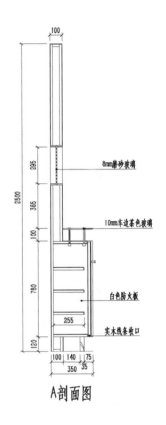

8mm磨砂玻璃

10mm车边茶色玻璃

白色防火板

实木线条收口

A剖面图

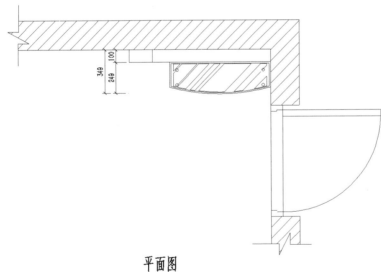

平面图

玄关柜 5

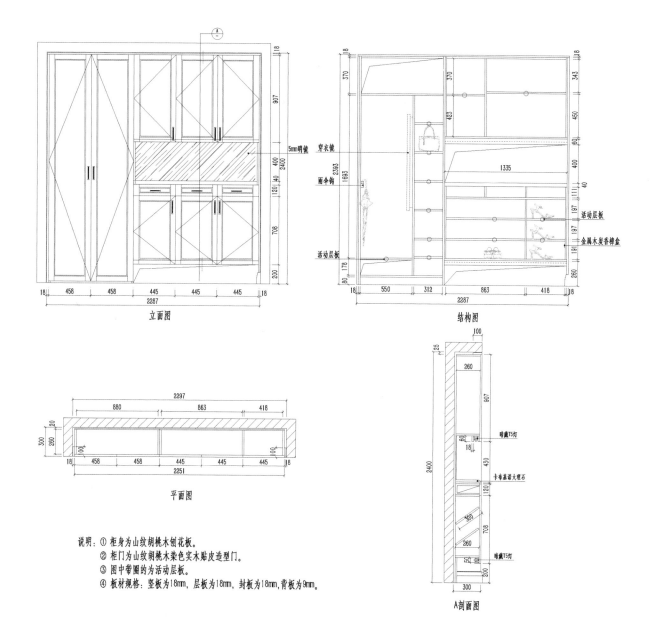

立面图

结构图

平面图

A剖面图

5mm明镜
穿衣镜
雨伞钩
活动层板
活动层板
金属木炭香樟盒

暗藏T5灯
卡布基诺大理石
暗藏T5灯

说明：①柜身为山纹胡桃木刨花板。
　　　②柜门为山纹胡桃木染色实木贴皮造型门。
　　　③图中带圈的为活动层板。
　　　④板材规格：竖板为18mm，层板为18mm，封板为18mm，背板为9mm。

玄 关 柜 6

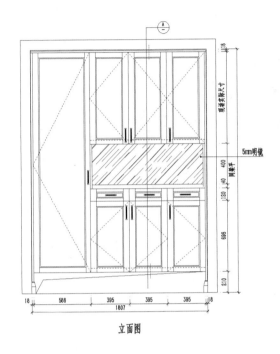

立面图

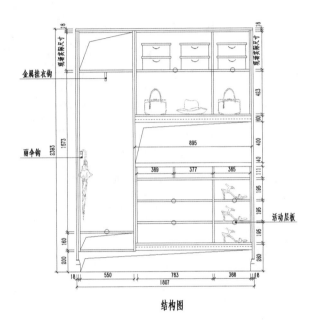

结构图

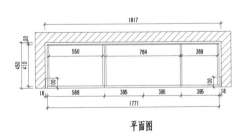

平面图

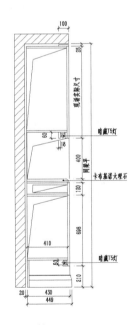

A剖面图

说明：① 柜身为山纹胡桃木刨花板。
② 柜门为山纹胡桃木染色实木贴皮造型门。
③ 图中带圈的为活动层板。
④ 板材规格：整板为18mm，层板为18mm，封板为20mm，背板为9mm。

玄关柜 7

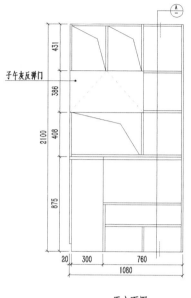

子午灰反弹门

正立面图

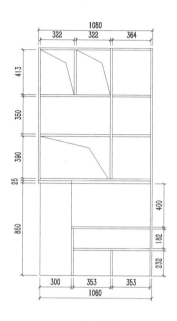

正立面结构图

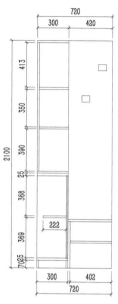

A剖面图

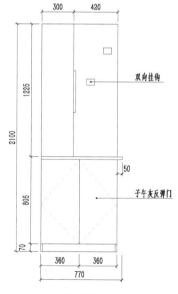

双向挂钩

子午灰反弹门

侧立面图

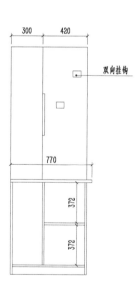

双向挂钩

侧立面结构图

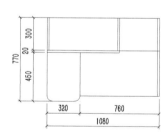

平面图

说明：① 柜身为橡木。
② 板材规格：竖板为18mm，层板为18mm，背板为18mm。

玄关柜 8

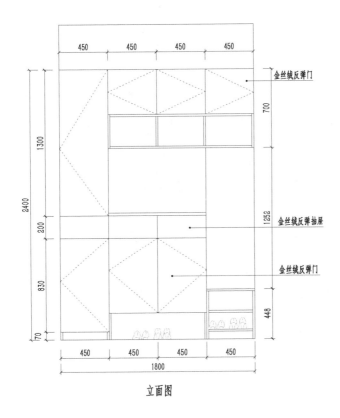

金丝绒反弹门

金丝绒反弹抽屉

金丝绒反弹门

立面图

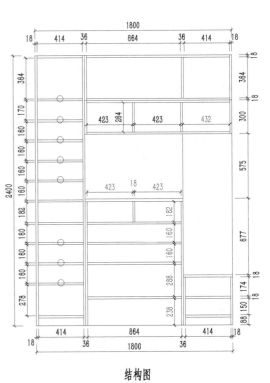

结构图

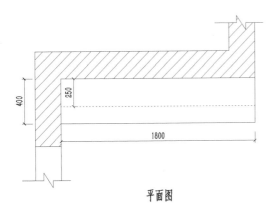

平面图

说明：① 柜身为枫木。
　　　② 板材规格：整板为18mm，层板为18mm，背板为18mm。

玄关柜 9

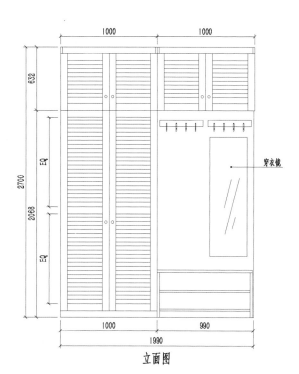

穿衣镜

立面图

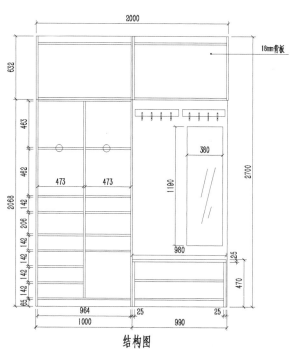

18mm背板

结构图

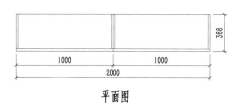

平面图

说明：① 柜身为枫木。
　　　② 板材规格：竖板为18mm，层板为18mm，背板为18mm。

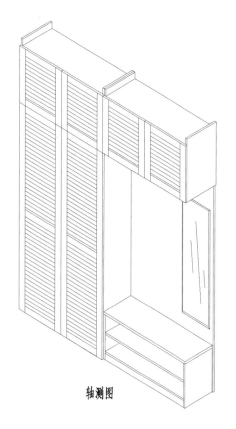

轴测图

玄 关 柜 10

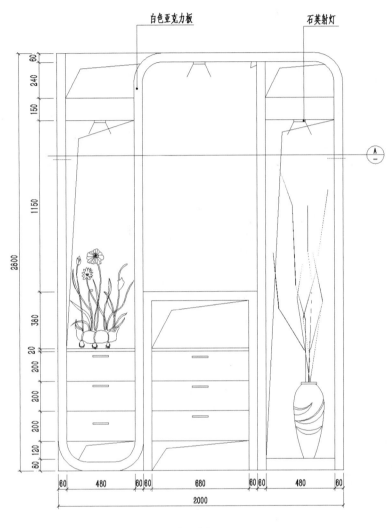

白色亚克力板

石英射灯

白色亚克力板

射灯

白色亚克力板

不锈钢拉手

白漆

白漆

立面图

侧立面图

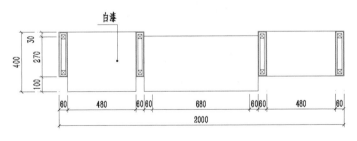

白漆

A剖面图

玄关柜 11

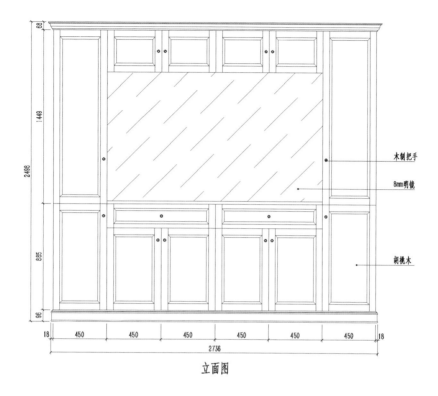

立面图

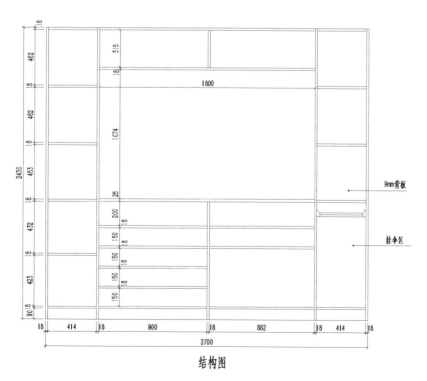

结构图

玄关柜 12

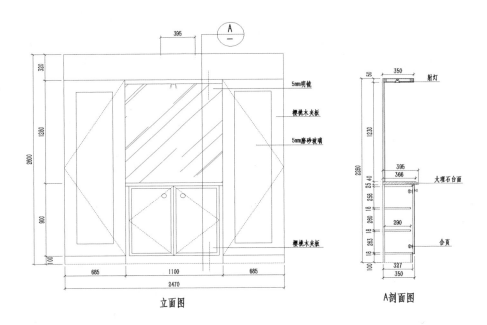

5mm明镜
樱桃木夹板
5mm磨砂玻璃

樱桃木夹板

395

立面图

320
1280
2600
900
100

685   1100   685
2470

射灯
350
50
1230
2280
395
366
25 40
大理石台面
255
280
283
18 18 18
290
合页
100
327
350

A剖面图

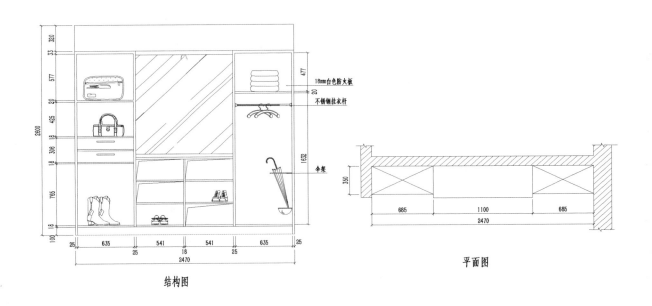

18mm白色防火板
不锈钢挂衣杆

伞架

320
33
577
20
425
18
306
18
765
18
100

2600

25 635   541 541   635 25
25   18   25
2470

结构图

477
20
1632

350

685   1100   685
2470

平面图

玄关柜13

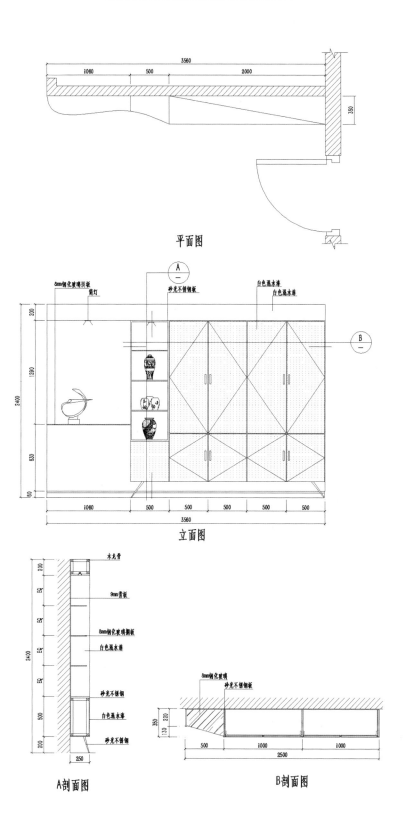

平面图

8mm钢化玻璃搁板
筒灯
白色乳水漆
白色乳水漆
砂光不锈钢板

A

B

立面图

木龙骨

9mm膏板

8mm钢化玻璃搁板
白色乳水漆

砂光不锈钢
白色乳水漆

砂光不锈钢

A剖面图

8mm钢化玻璃
砂光不锈钢板

B剖面图

第2章 鞋　　柜

随着社会的进步和生活水平的提高，家庭成员日常穿着的鞋越来越多。这时候就需要用一个鞋柜存放闲置的鞋，鞋柜也因此成为家具设计中必不可少的元素。鞋柜从原先的木鞋柜演变成现今多种款式和材质的鞋柜，下面介绍常见的传统木质鞋柜和电子消毒鞋柜。

1. 鞋柜分类

（1）传统木质鞋柜。传统木质鞋柜在实现鞋子存储的基本功能的前提下，款式不断变化和创新，它和不同的家居环境相配合，能起到存储和装饰的作用。最常见的鞋柜就是玄关鞋柜，玄关鞋柜将存储、装饰以及实用性集于一体，完美契合了现代家具设计风格。

（2）电子消毒鞋柜。电子消毒鞋柜是一种利用臭氧的杀菌特性来达到杀菌除臭目的，利用对鞋子局部加热来达到祛潮目的的新型时尚电子产品，它是一种高科技、健康、智能的鞋柜产品，具有消毒、烘干等智能功能。

2. 鞋柜设计

随着鞋子数量的增加，在有限的鞋柜空间中，怎样才能装下越来越多的鞋子是非常考验家具设计师智慧的问题。

（1）鞋柜式样。对于居室面积较小的家庭，建议将鞋柜的门设计成滑动门，厚度相对较薄，容量以能存放 10 双鞋为宜。如果居室面积较大，则可以安装双门和功能齐全的鞋柜，还可以单独放置换鞋凳、雨伞桶等。

（2）鞋柜大小。鞋柜大小的设置是门学问，要想在有限的空间中实现"无限"的收纳任务，内部的设计必须非常讲究。可根据实际情况自我创新，比如在鞋柜内部以家庭成员来区分，分为男用、女用、儿童用等区域；也可以以常用和不太常用来区分，根据鞋子大小设计内部隔板。

居室面积小时，设计上可以分两方面：一方面，在玄关处做一个美观、多用的小型鞋柜；另一方面，在其他存储空间，如更衣间的衣柜、卧室的床底等存储空间为鞋预留一些位置，把不常穿的鞋收纳在这里。

鞋 柜 1

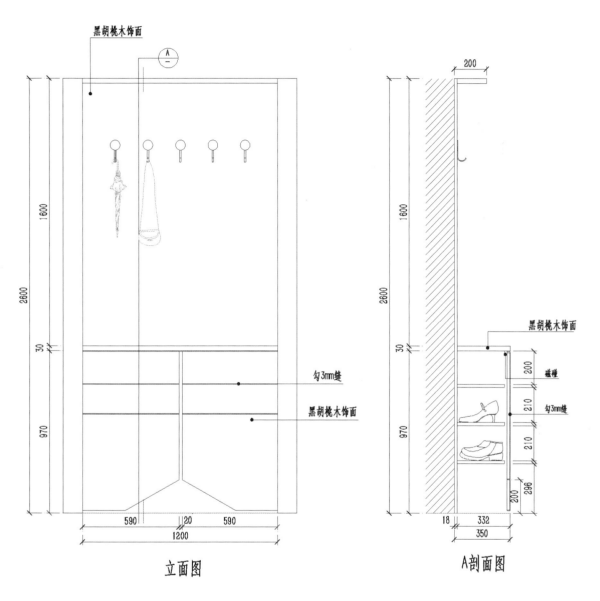

黑胡桃木饰面

A

黑胡桃木饰面

勾3mm缝

黑胡桃木饰面

1600

2600

30

970

590   20   590

1200

立面图

200

1600

2600

30

970

黑胡桃木饰面

磁碰

200

勾3mm缝

210

210

296

200

18   332

350

A剖面图

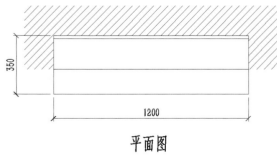

350

1200

平面图

鞋 柜 2

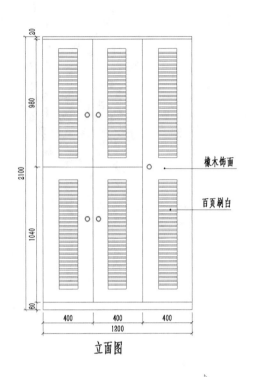

立面图

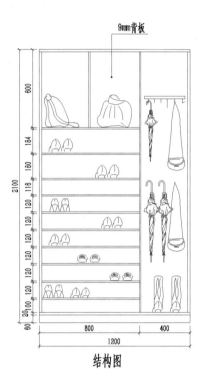

9mm背板

橡木饰面

百页刷白

结构图

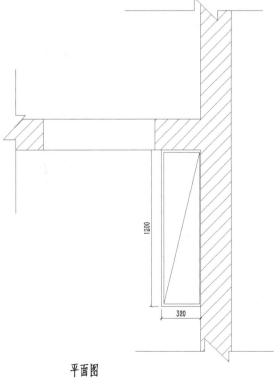

平面图

说明：未标注的层板、隔板，板厚为12mm。

鞋 柜 3

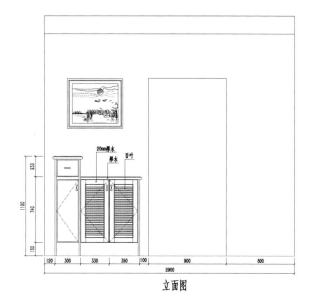

立面图

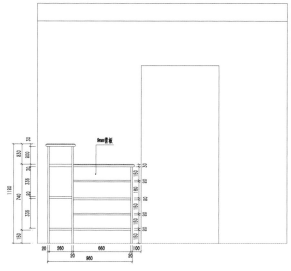

结构图

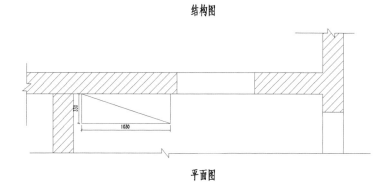

平面图

鞋 柜 4

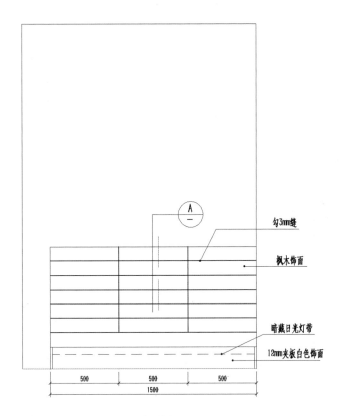

勾3mm缝

枫木饰面

暗藏日光灯带

12mm夹板白色饰面

500 500 500
1500

立面图

磁碰

翻门铰链
日光灯管

A剖面图

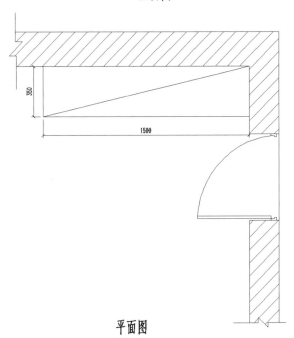

350

1500

平面图

鞋 柜 5

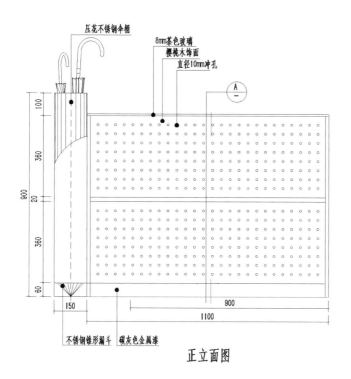

正立面图

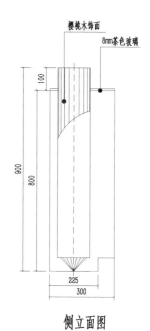

侧立面图

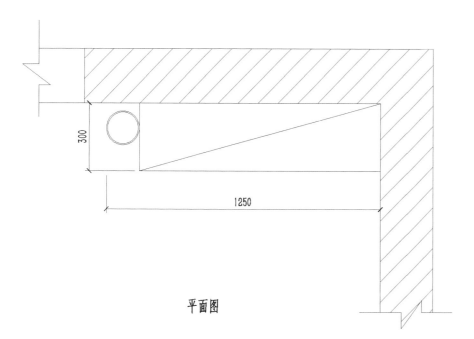

平面图

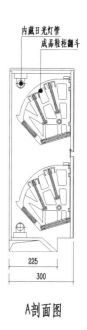

A剖面图

鞋 柜 6

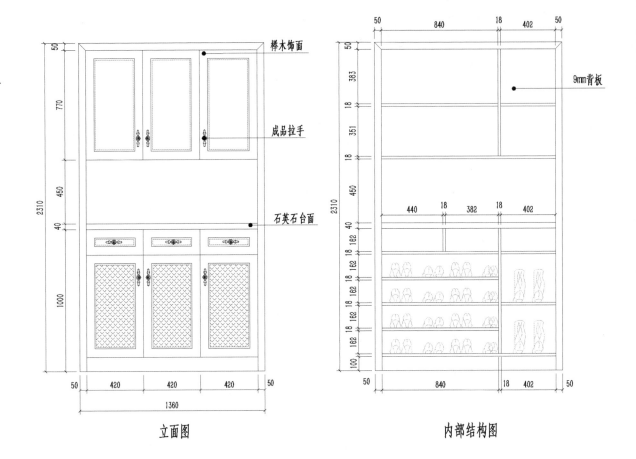

立面图

内部结构图

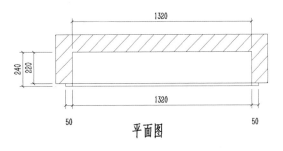

平面图

鞋 柜 7

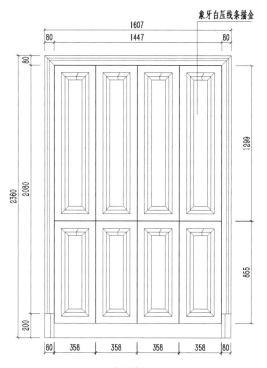

立面图

象牙白压线条描金

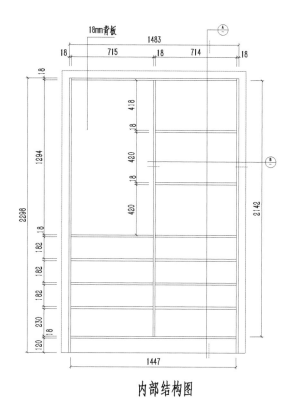

18mm背板

内部结构图

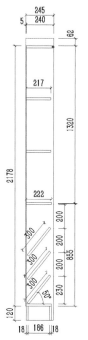

A剖面图

B剖面图

三方收口相同

鞋 柜 8

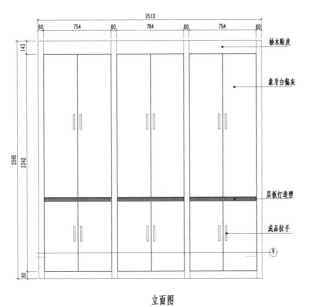

立面图

柚木贴皮
象牙白偏灰
层板打造型
成品拉手

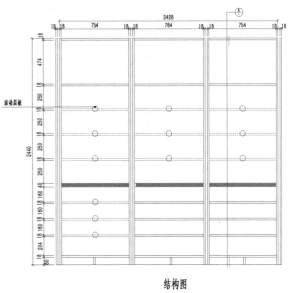

结构图

活动层板

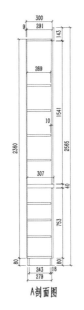

A剖面图

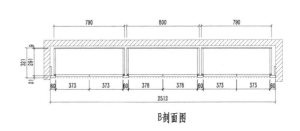

B剖面图

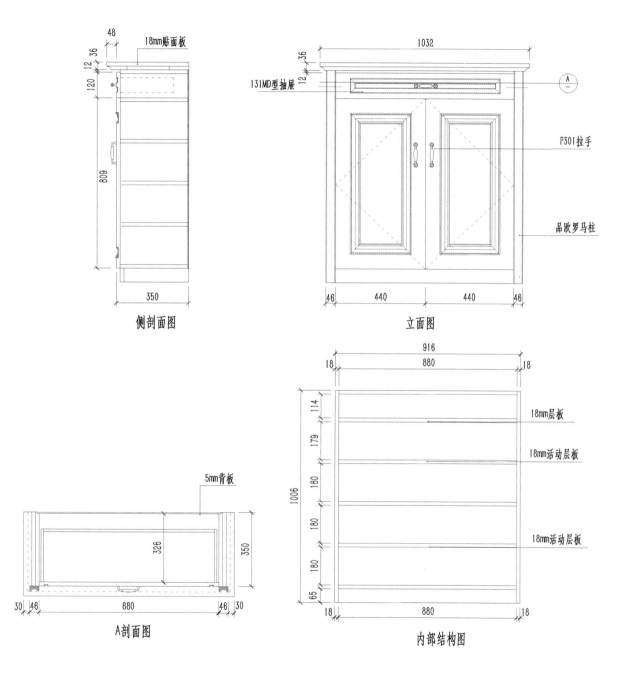

鞋 柜 9

18mm贴面板

侧剖面图

131MD型抽屉

P301拉手

晶欧罗马柱

立面图

5mm背板

A剖面图

18mm层板

18mm活动层板

18mm活动层板

内部结构图

鞋 柜 10

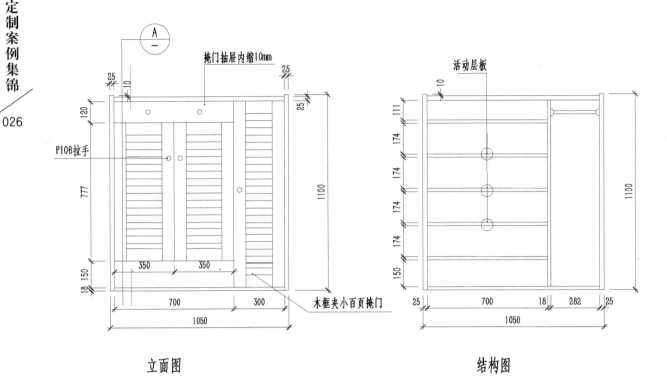

立面图

结构图

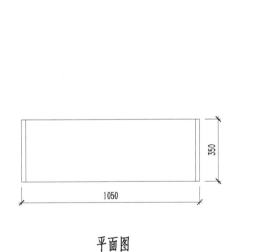

平面图

A剖面图

说明：① 材质为橡木。
② 未标注的板，板厚为18mm。

鞋 柜 11

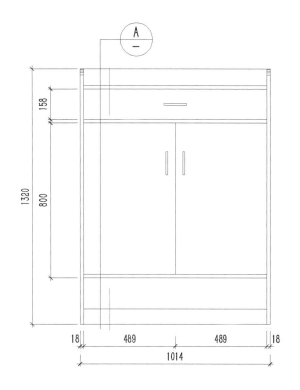

立面图

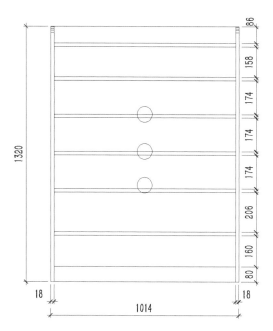

结构图

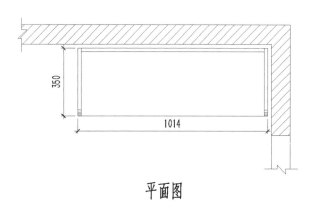

平面图

说明：① 材质为胡桃木。
　　　② 未标注的板，板厚为18mm。
　　　③ 带圈的为活动层板。

A剖面图

鞋 柜 12

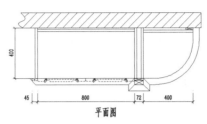

平面图

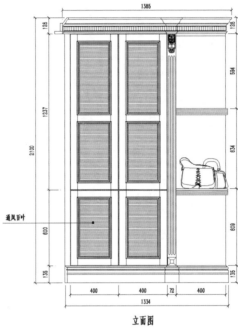

通风百叶

立面图

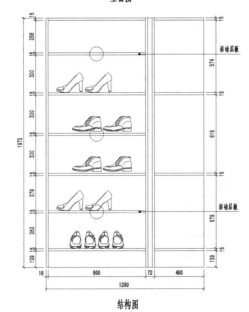

活动层板

活动层板

结构图

第3章 隔 断 柜

在现代家居设计中，整体家居风格越来越重要，用户不再事先设计好各个不同用途的物理空间，而是根据需要对不同用途的空间进行自由规划。这个时候，隔断柜出现了，隔断柜能在客厅、餐厅和厨房之间起到区分空间的作用，制造出一种错落有致的室内布局效果。隔断是一种重要的设计手法，恰到好处的隔断可以高效利用有限的室内空间，达到空间层次感和视觉延伸性的统一。

1. 隔断柜的特点

（1）选材和造型丰富。根据搭配家具的不同，隔断柜在选材上可以采用现代建筑中的各种材料，形成风格各异的造型。

（2）功能多样。隔断柜不仅可以划分和优化室内空间，还具有很好的收纳功能，可以摆放装饰品或日常用品，也可以与鱼缸等休闲家具设计成一体，丰富隔断柜的内涵，提升室内的意境。

2. 隔断柜设计

（1）客厅隔断柜设计。客厅隔断柜一般用于开放式或半开放式的房间中，为了美观，也为了不阻挡视线，柜子不能太高，材料的强度要能支撑柜子及其存放的物品。

（2）餐厅隔断柜设计。餐厅隔断柜除了有基本的分隔功能外，还可以赋予它更多实用的功能，比如用作酒水、酒具、餐具或茶具的存放柜。

隔 断 柜 1

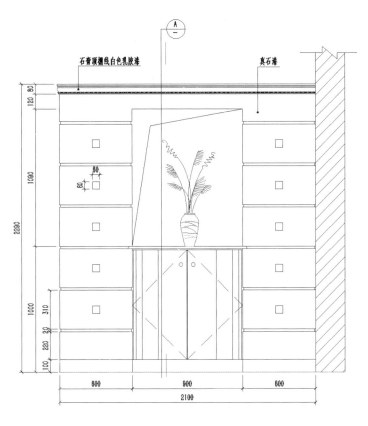

石膏顶棚线白色乳胶漆　　　真石漆

立面图

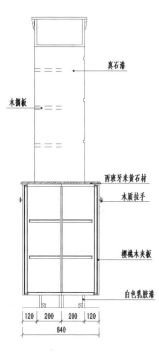

真石漆

木搁板

西班牙米黄石材
木质拉手

樱桃木夹板

白色乳胶漆

A剖面图

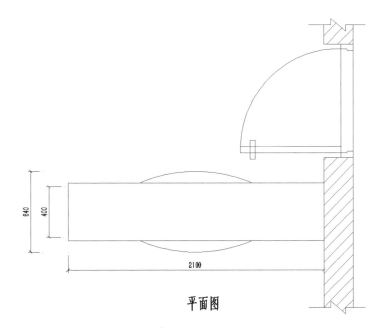

平面图

隔断柜 2

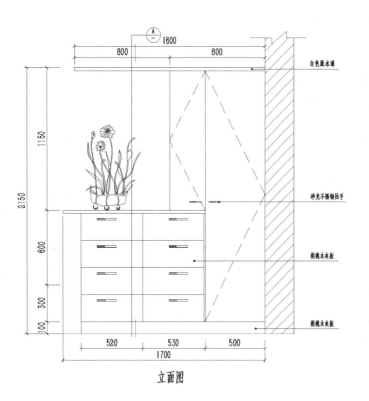

立面图

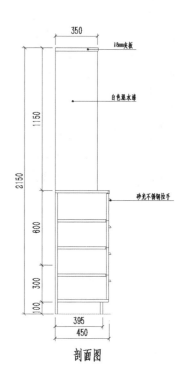

剖面图

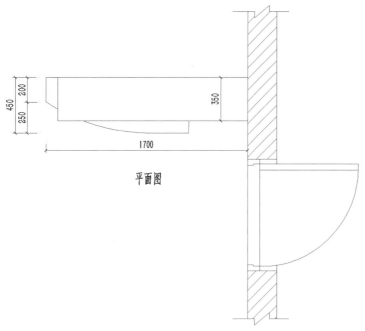

平面图

隔 断 柜 3

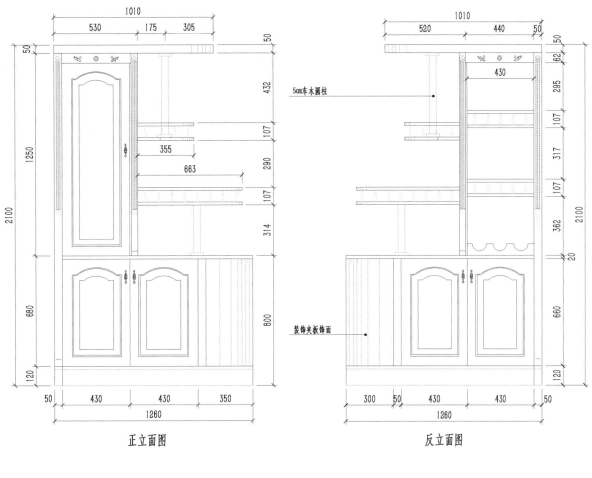

5cm车木圆柱

装饰夹板饰面

正立面图

反立面图

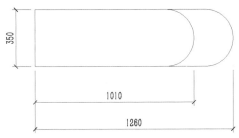

平面图

隔 断 柜 4

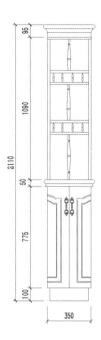

侧立面图

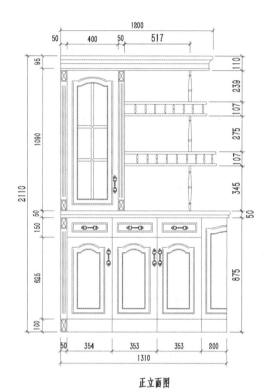

正立面图

反立面图

隔断柜5

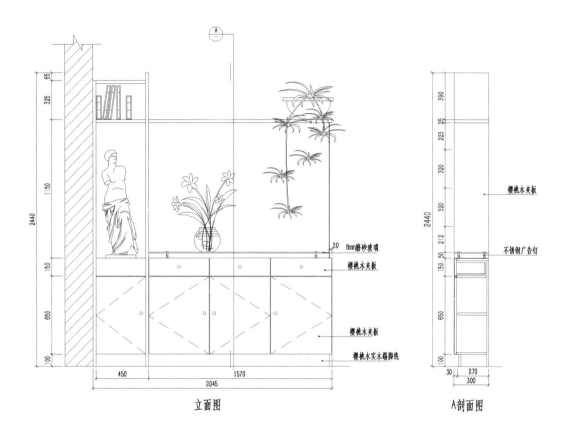

立面图

A剖面图

立面图中标注:
- 8mm磨砂玻璃
- 樱桃木夹板
- 樱桃木夹板
- 樱桃木实木踢脚线

A剖面图中标注:
- 樱桃木夹板
- 不锈钢广告钉

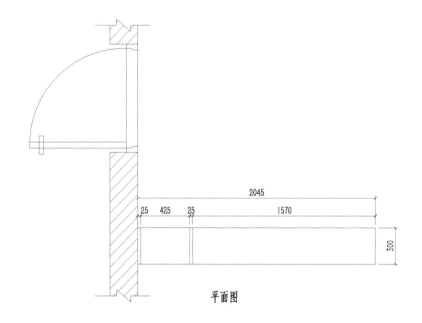

平面图

隔 断 柜 6

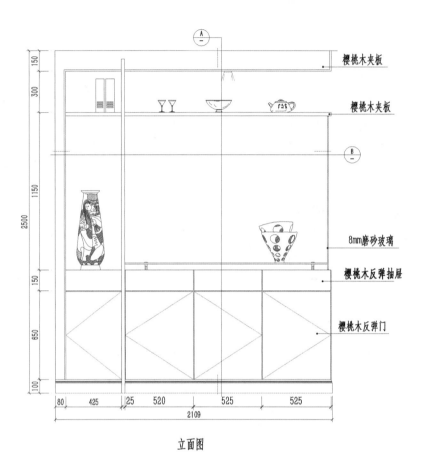

櫻桃木夾板

櫻桃木夾板

8mm磨砂玻璃

櫻桃木反弹抽屉

櫻桃木反弹门

立面图

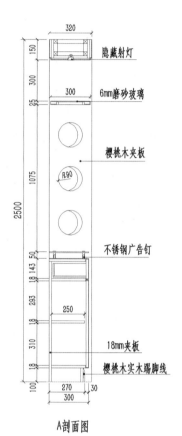

隐藏射灯

6mm磨砂玻璃

櫻桃木夾板

不锈钢广告钉

18mm夾板

櫻桃木实木踢脚线

A剖面图

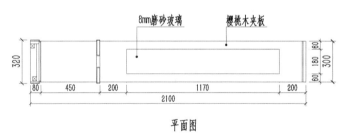

8mm磨砂玻璃   櫻桃木夾板

平面图

隔 断 柜 7

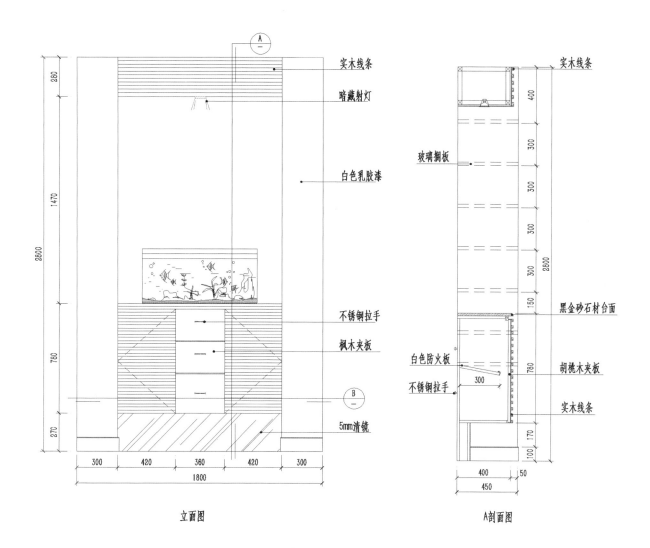

实木线条
暗藏射灯
白色乳胶漆
不锈钢拉手
枫木夹板
5mm清镜

实木线条
玻璃搁板
黑金砂石材台面
白色防火板
不锈钢拉手
胡桃木夹板
实木线条

立面图

A剖面图

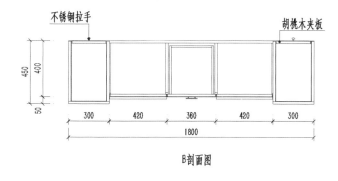

不锈钢拉手
胡桃木夹板

B剖面图

隔 断 柜 8

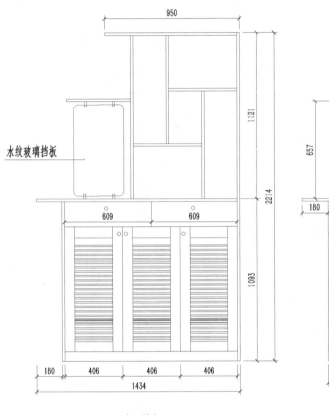

水纹玻璃挡板

活动层板

立面图

结构图

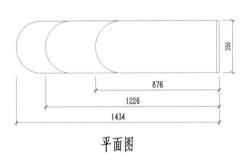

平面图

说明：① 材质为枫木。
② 全部为18mm板。

隔断柜 9

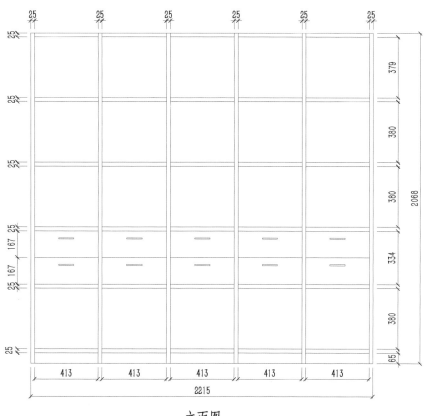

立面图

平面图

说明：柜子无背板，抽屉后面为假抽。

隔断柜 10

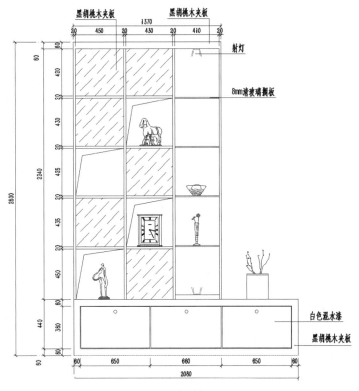

立面图

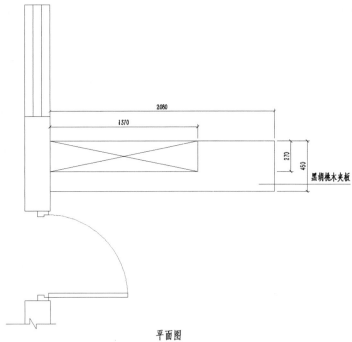

平面图

隔 断 柜 11

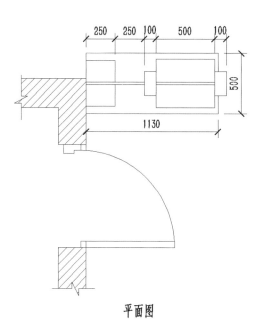

平面图

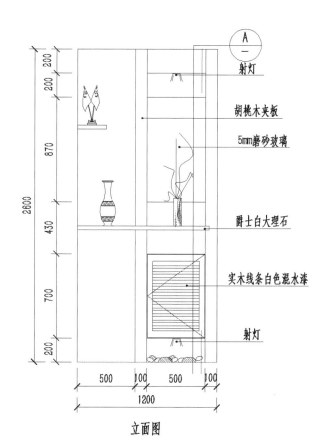

立面图

射灯

胡桃木夹板

5mm磨砂玻璃

爵士白大理石

实木线条白色混水漆

射灯

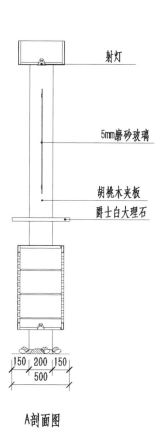

射灯

5mm磨砂玻璃

胡桃木夹板

爵士白大理石

A剖面图

第4章 餐 边 柜

餐边柜在饭店中很常见，是放在餐桌边的具有收纳功能的储物柜，既可用来放置碗、碟、筷、饮料等物品，又可用来临时放置汤和菜肴，还可用来放置包和小物件。

1. 餐边柜搭配技巧

（1）如果餐厅足够大，可以设计一个空间大且功能多的餐边柜。在柜子内部格局的设计上，敞开式的层板上可以摆放书、画册、装饰品、漂亮的餐具等物品；柜体的中间部分可以安装一个柜门，里面放置小冰箱、餐巾布、食物等物品。

（2）将操作台延伸至餐桌旁。开放式厨房可以将部分橱柜功能延伸到餐厅中。把餐边柜当作备餐台，上方安装层板，层板下方安装照明灯，一些不需要烹饪的食物可以在这里制作。因为经常要在桌面上处理食物，所以要选择容易清洁的桌面材质。用于备餐的餐边柜，最好选择带有抽屉的款式，以便存放厨具。

（3）在餐边柜上摆放画作、摄影作品等是比较常用的装饰手法。柜子的款式最好简单朴素，以便搭配艺术品。艺术品的宽度一定要小于餐边柜的长度，否则视觉上会失去平衡感。

2. 餐边柜设计

（1）那种顶天立地的高款餐边柜适合比较宽敞的餐厅，可以在整面墙做上收纳柜，中间留出几层开放式空间，放一些装饰品和小电器。这种设计收纳性较强，样式也很多，还可以根据自己的需求进行定做，灵活性极强。

（2）低矮款餐边柜也拥有很多优点，一是适合空间小的家庭；二是这种低矮款看起来更有设计感和装饰感，比高大的餐边柜要更灵活、更小巧可爱。

餐边柜 1

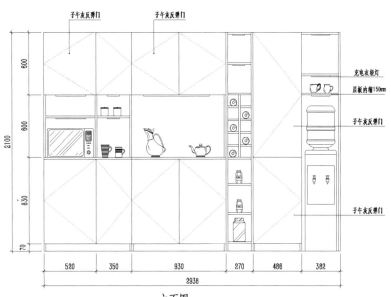

立面图

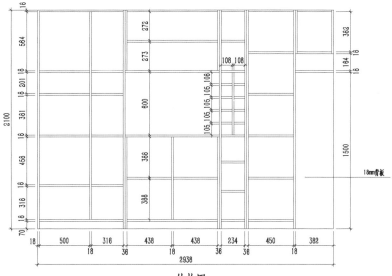

结构图

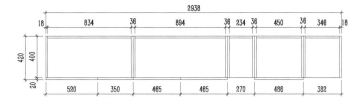

平面图

说明：柜体材料为橡木。

餐边柜2

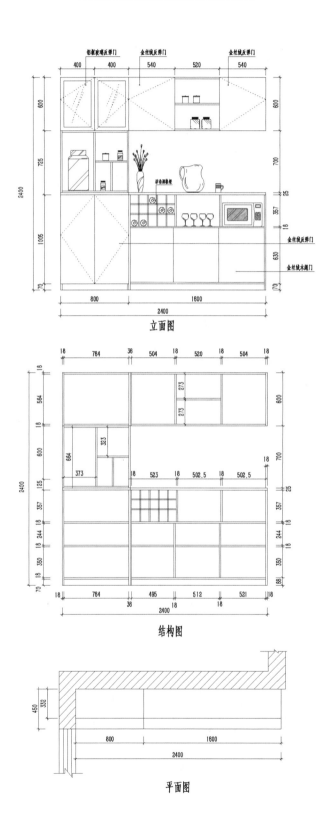

立面图

结构图

平面图

餐 边 柜 3

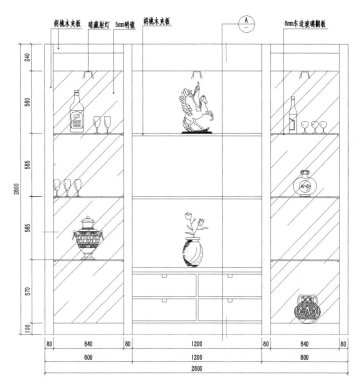

胡桃木夹板　暗藏射灯　5mm明镜　　胡桃木夹板　　　　　　Ⓐ　　　　8mm车边玻璃钢板

240
560
585
2800
565
570
100

80　　840　　80　　　　1200　　　　80　　840　　80
800　　　　　　1200　　　　　　800
2800

立面图

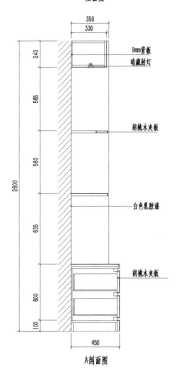

350
330

240
565
2800
560
635
800
100

9mm背板
暗藏射灯

胡桃木夹板

白色乳胶漆

胡桃木夹板

450

A剖面图

餐 边 柜 4

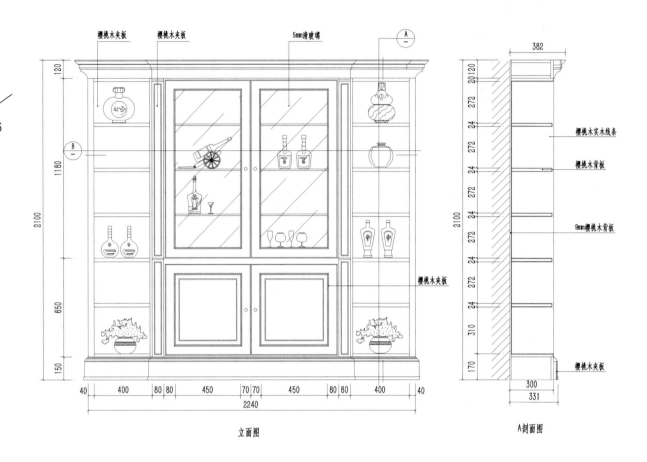

櫻桃木夹板　櫻桃木夹板　　5mm清玻璃

櫻桃木实木线条

櫻桃木背板

9mm櫻桃木背板

櫻桃木夹板

櫻桃木夹板

立面图

A剖面图

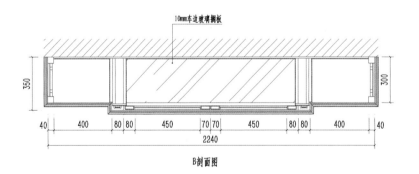

10mm车边玻璃搁板

B剖面图

餐边柜 5

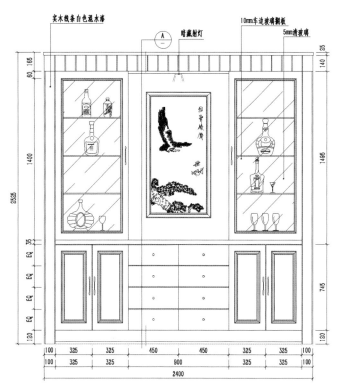

实木线条白色混水漆
暗藏射灯
10mm车边玻璃钢板
5mm清玻璃

25
140
165
60
1400
2525
35
EQ
EQ
EQ
EQ
120

1495
745
120

100 325 325 450 450 325 325 100
100 325 325 900 325 325 100
2400

立面图

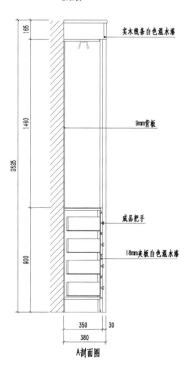

165
1460
2525
900

实木线条白色混水漆

9mm背板

成品把手
18mm夹板白色混水漆

350 30
380

A剖面图

餐边柜6

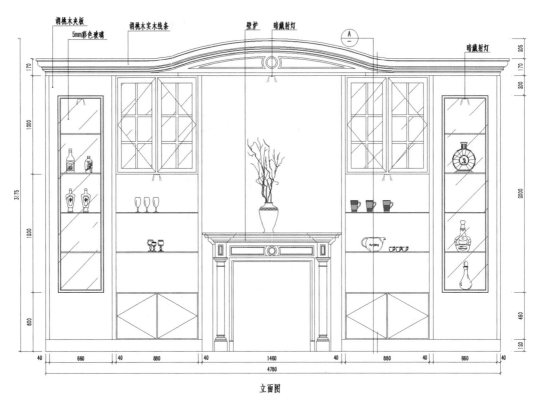

胡桃木夹板
5mm彩色玻璃
胡桃木实木线条
壁炉　暗藏射灯
暗藏射灯

205
170
200
170

1000

3175

1200

2000

800

460

120

40　660　40　880　40　1460　40　880　40　660　40
4780

立面图

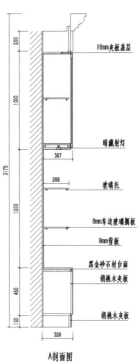

200

1000

3175

1200

460

120

18mm夹板基层

暗藏射灯
307

玻璃托
266

8mm车边玻璃搁板
9mm背板

黑金砂石材台面
胡桃木夹板

胡桃木夹板

320

A剖面图

餐边柜 7

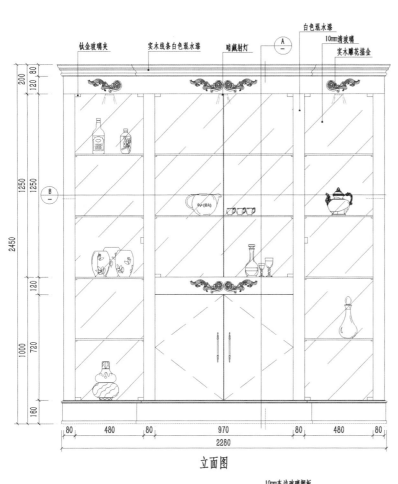

立面图

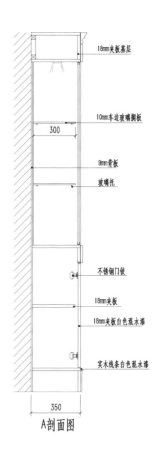

A剖面图

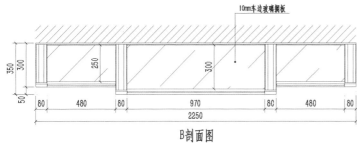

B剖面图

餐边柜8

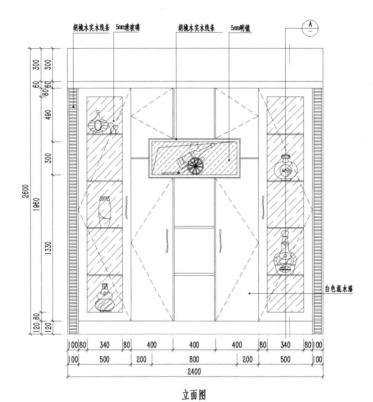

立面图

A剖面图

餐边柜 9

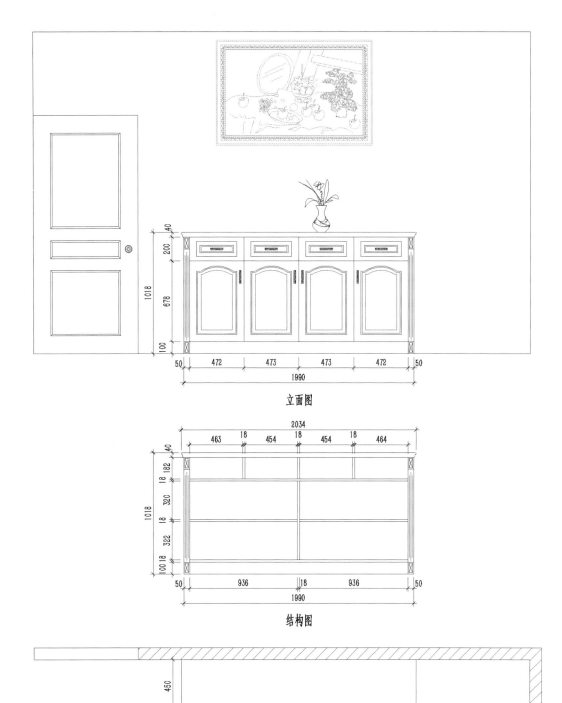

立面图

结构图

平面图

餐边柜 10

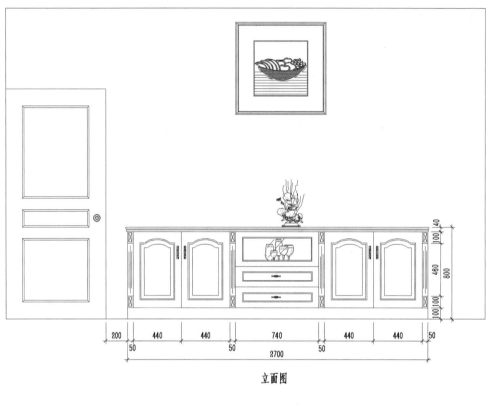

立面图

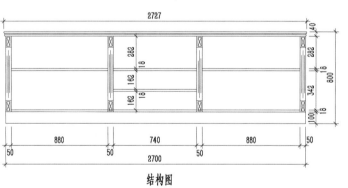

结构图

平面图

餐边柜 11

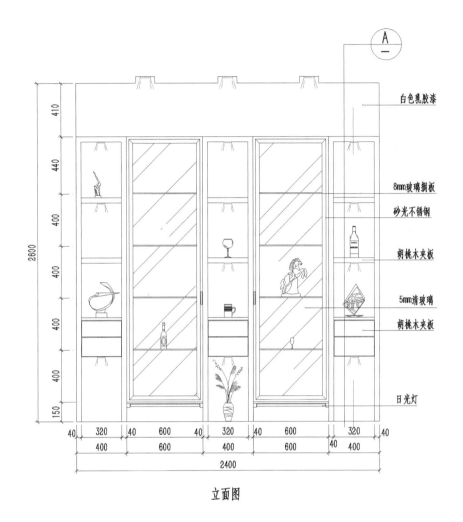

立面图

白色乳胶漆

8mm玻璃搁板

砂光不锈钢

胡桃木夹板

5mm清玻璃

胡桃木夹板

日光灯

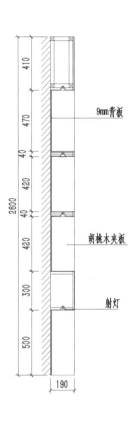

A剖面图

9mm背板

胡桃木夹板

射灯

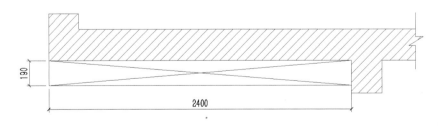

平面图

第 5 章 酒 柜

酒柜是指储存酒的冷柜。对于不少家庭来说，酒柜已经成为餐厅中一道不可或缺的风景线，其中陈列着不同美酒，光是看看就令人食欲大增。

1. 酒柜的分类

按制冷方式可分为：电子半导体式酒柜、压缩机直冷式酒柜、变频风冷式酒柜；按材质可分为：实木酒柜、合成酒柜。合成酒柜一般采用电子、木板、PVC 等材质组合而成，是目前应用较为广泛的酒柜。

2. 酒柜的尺寸

这里说的酒柜尺寸是定制酒柜的尺寸。家用酒柜一般会根据房间尺寸确定酒柜的尺寸，酒柜的尺寸设计要在实用性的基础上追求美观与和谐，避免给人们的日常生活带来不便，也避免破坏整体家居的协调性。

商用酒柜，如酒吧里的酒柜，通常都包含两个部分，一部分是底柜，高度不超过 600mm，宽度为 500mm 左右；另一部分是上柜，高度不超过 2000mm，宽度不超过 350mm。如果是连着吧台，酒柜吧台的高度尺寸根据人体工程学通常为 1000 ～ 1200mm。为了方便拿取酒，酒柜和吧台之间的距离通常在 900mm 以内。

酒 柜 1

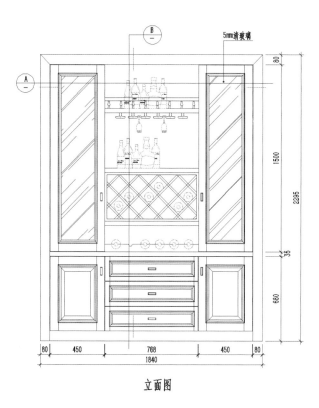

立面图

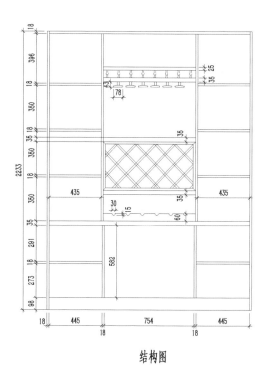

结构图

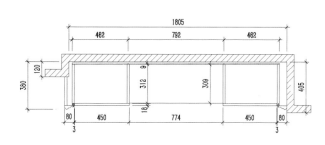

A剖面图

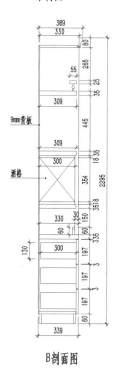

B剖面图

酒 柜 2

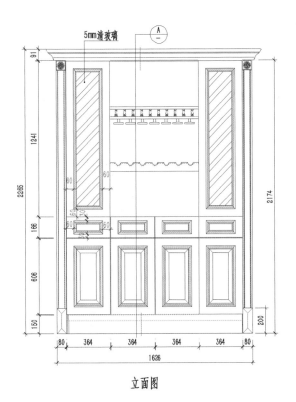

立面图

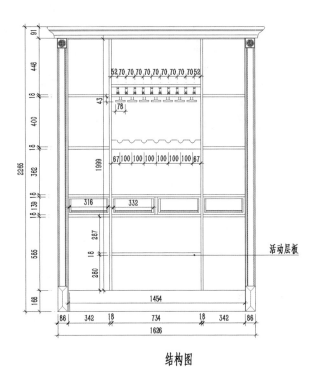

结构图

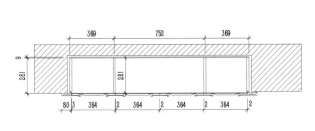

平面图

说明：① 柜体颜色为象牙白偏白。
　　　② 柜体材料为多层板。
　　　③ 柜门材料为中纤/多层板。

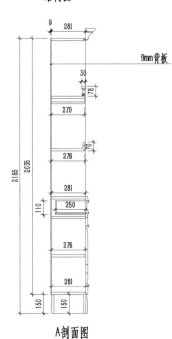

A剖面图

酒 柜 3

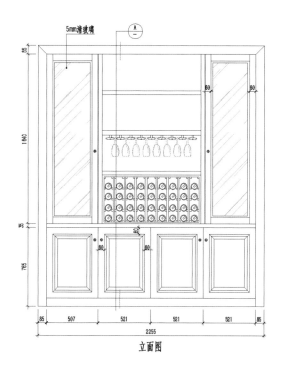

5mm清玻璃

立面图

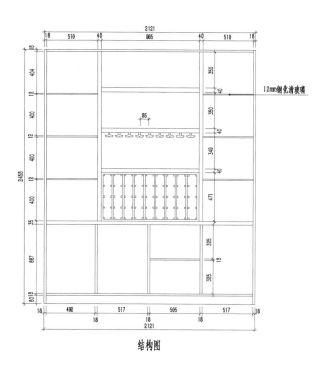

12mm钢化清玻璃

结构图

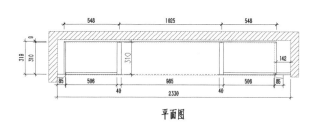

平面图

说明：① 柜体颜色为象牙白。
　　　② 柜体材料为多层板。
　　　③ 柜门材料为中纤/多层板。

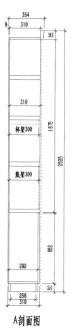

杯架300

瓶架300

A剖面图

酒柜 4

中式装饰线　　同色铝框夹透明玻璃门

2852

2800

立面图

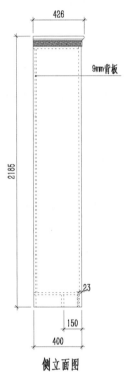

426

9mm背板

2185

23

150

400

侧立面图

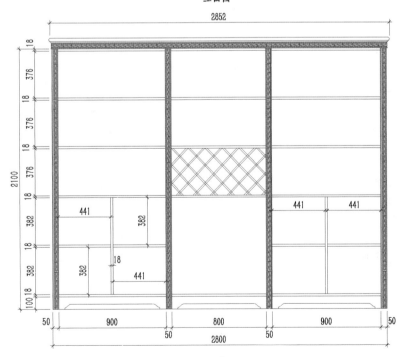

2852

2100

2800

结构图

酒 柜 5

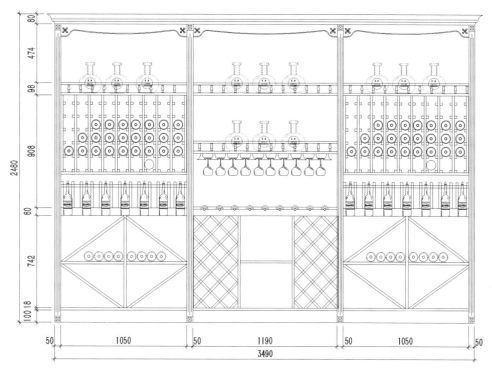

立面图

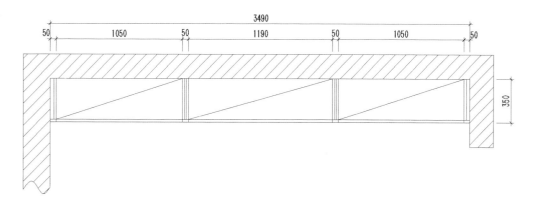

平面图

酒 柜 6

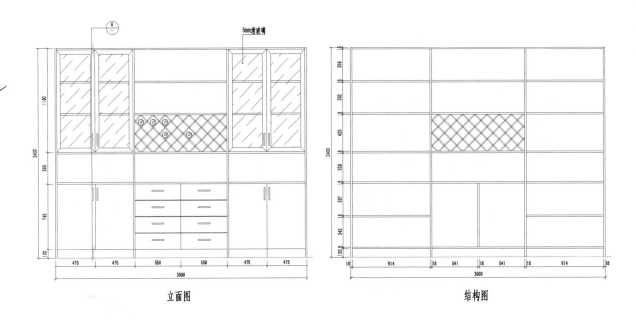

5mm清玻璃

立面图

结构图

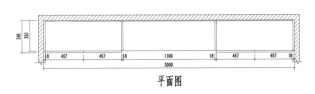

平面图

说明：① 柜门颜色为象牙白。
　　　② 柜体材料为胡桃木。

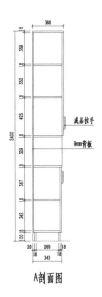

成品拉手

9mm背板

A剖面图

第6章 吧 台

吧台最初源于酒吧，是酒吧向客人提供酒水和其他服务的工作区域，是酒吧的核心部位。吧台也可用作餐厅、旅馆等一些现代娱乐休闲服务场所的总服务台（或者收银台）。

1. 组成部分

吧台由吧柜（前吧、后吧）、操作台（中心吧）组成。吧台的大小和形状也因具体环境而有所不同，大致可以分为以下3种。

（1）两边封闭的直线吧台（最为常见）。这种吧台可以凸入室内，也可以凹入房间的一端。直线吧台的优点是酒吧的服务员不会背向客人。直线吧台没有固定的尺寸，一名服务员大致能有效控制3.5m左右的吧台，根据客流量及要设置的服务员数量，可以大致确定吧台的尺寸。

（2）马蹄形吧台，又称作U形吧台。吧台凸入室内，一般要安排3个或更多的操作点，两端抵住墙壁。在U形吧台的中间可以设置一个凹形储藏柜。

（3）环形吧台或中间方形吧台。这种吧台的中间有一个小岛储藏物品。

2. 功能设置

吧台的设置虽然要因地制宜，但是在布置吧台时，要注意以下几点。

（1）位置合理。即客人在刚进入时便能看到吧台的位置，能感受到吧台的存在。因为吧台是酒吧的中心、酒吧的总标志，要让客人尽快知道他们所享受的饮品和服务是从哪儿发出的。一般来说，吧台应设置在显著的位置，如进门处等。饭店吧台可以设置在大门附近，客人容易发现和到达的地方，也可以设置在饭店顶楼或餐厅旁边。

（2）方便服务。即吧台对酒吧中任何一个位置的客人都能提供及时且贴心的服务，同时

也便于服务人员的服务行为。

（3）布局合理。尽量使空间既能容纳更多客人，又能使客人不感到拥挤和杂乱无章，同时还能满足目标客人对环境的要求，较吸引人的设置是将吧台放在距门口几步远的地方。需要注意的是，吧台与酒吧座位之间要留有一定的空间，以避免服务员与客人擦碰时将酒水洒落。

（4）彰显品位。酒吧吧台的设计要干净舒适，装修要美观大方，氛围要温暖柔和，给客人一种"宾至如归"的感觉。吧台最好用华贵沉着、典雅高级的大理石装饰。但是由于大理石给人一种冷冰冰的感觉，所以大部分酒吧吧台会用木料或金属做框架，外包深色的硬木。

吧 台 1

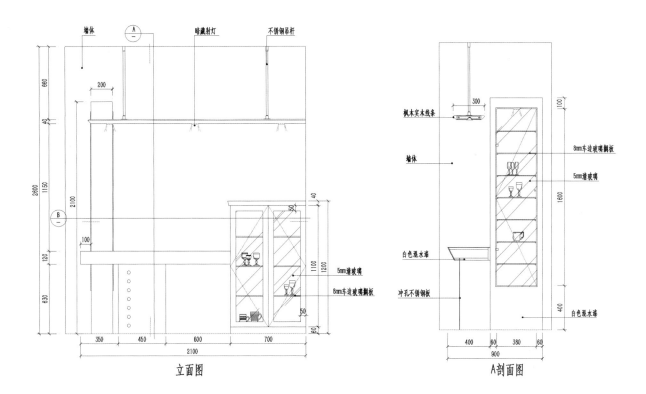

墙体　　　　Ａ　　　　暗藏射灯　　　　不锈钢吊杆

立面图

枫木实木线条
墙体
8mm车边玻璃钢板
5mm清玻璃
白色混水漆
冲孔不锈钢板
白色混水漆

A剖面图

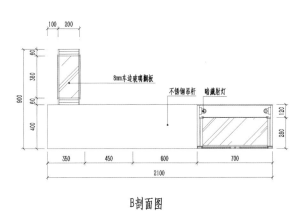

8mm车边玻璃钢板
不锈钢吊杆　暗藏射灯

B剖面图

5mm清玻璃
8mm车边玻璃钢板

吧 台 2

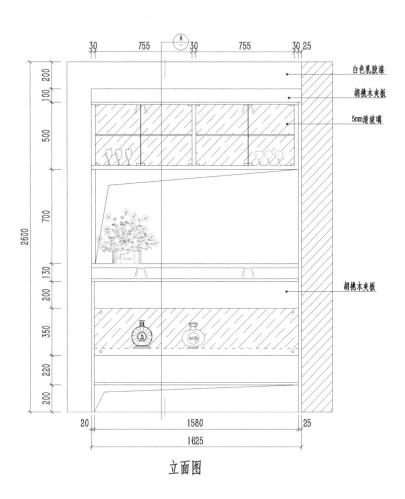

白色乳胶漆

胡桃木夹板

5mm清玻璃

胡桃木夹板

立面图

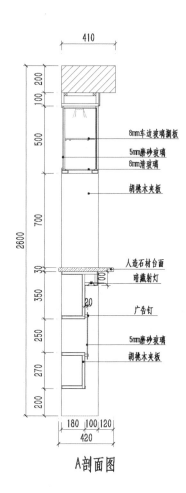

8mm车边玻璃搁板
5mm磨砂玻璃
8mm清玻璃

胡桃木夹板

人造石材台面
暗藏射灯

广告钉

5mm磨砂玻璃
胡桃木夹板

A剖面图

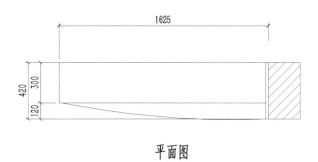

平面图

吧 台 3

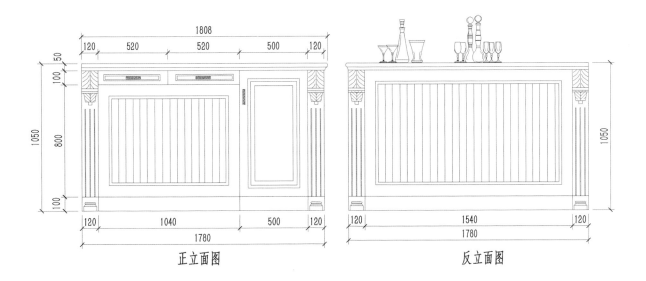

正立面图   反立面图

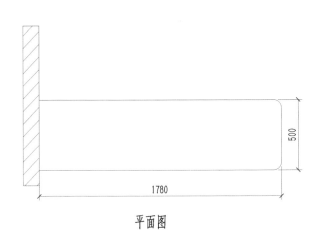

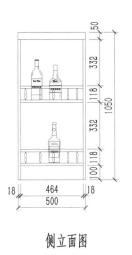

平面图   侧立面图

吧 台 4

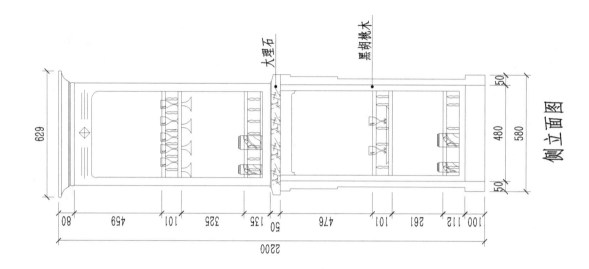

大理石

黑胡桃木

侧立面图

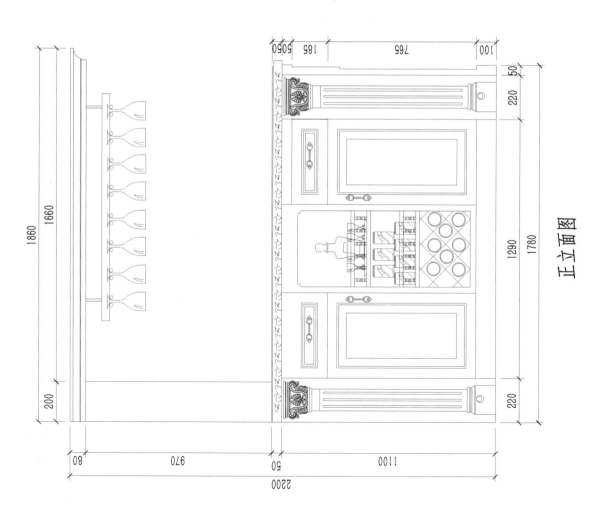

正立面图

吧 台 5

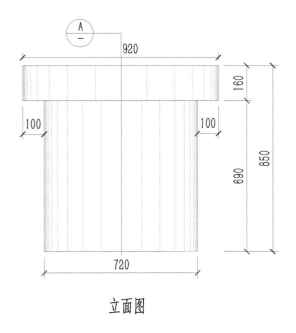

立面图

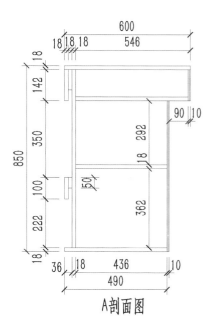

A剖面图

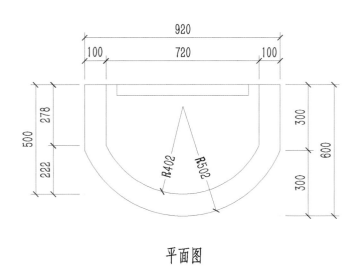

平面图

说明：颜色为天然黑檀。

吧 台 6

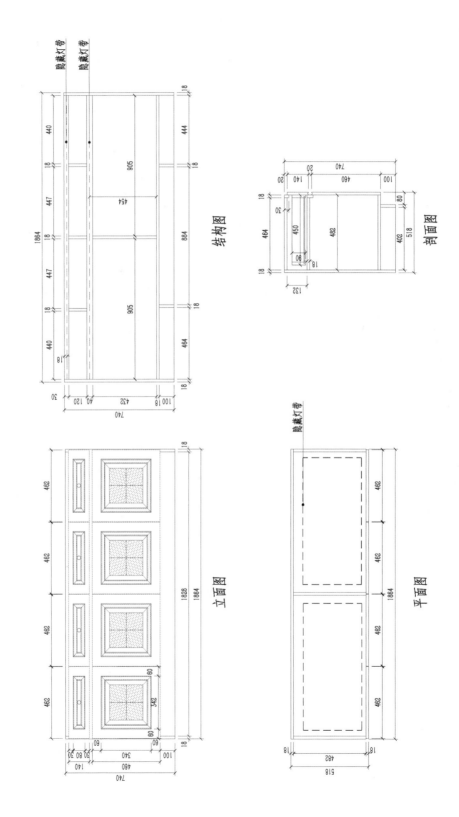

结构图

剖面图

立面图

平面图

隐藏灯带

吧 台 7

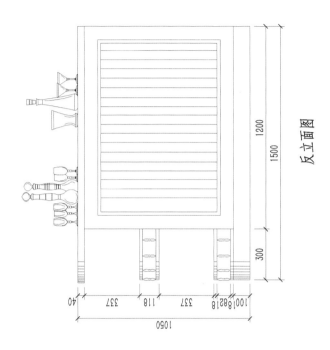

反立面图

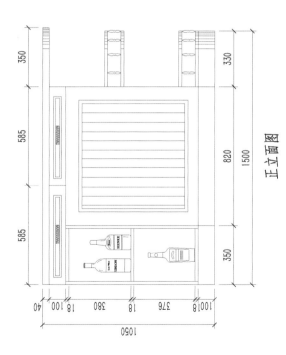

正立面图

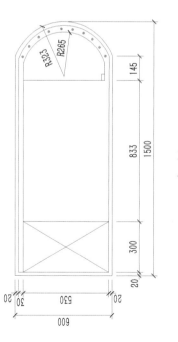

平面图

吧 台 8

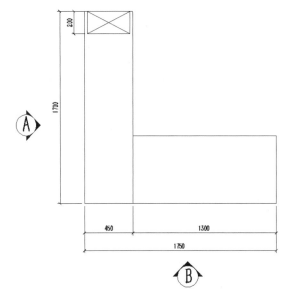

平面图

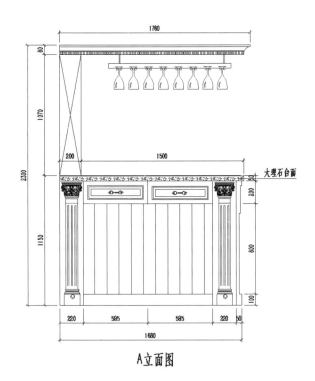

A立面图

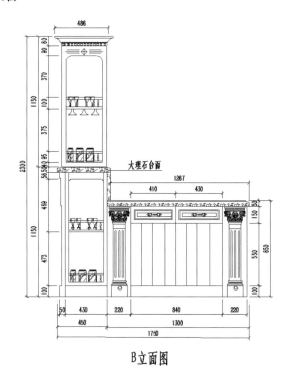

B立面图

第7章 橱 柜

橱柜是厨房存放厨具以及进行做饭操作的平台。整体橱柜又称作整体厨房，是指由橱柜、电器、燃气具、厨房功能用具4部分组成的橱柜组合。橱柜的常见样式如下。

1. 一字形橱柜

一字形橱柜就是将所有的电器和柜子都沿着一面墙放置，工作都在一条直线上进行。这种紧凑、有效的窄厨房设计适合中小家庭或同一时间只有一个人在厨房工作的家庭。面积较大的厨房不适合采用这种设计。一字形橱柜可以考虑使用双排连壁柜或连壁高柜，以便最大限度地利用墙面空间。

2. L 形橱柜

L 形橱柜是小空间厨房的理想选择，以这种方式在两面相连的墙之间划分工作区域，能获得理想的工作三角区。炉灶、水槽、消毒柜以及冰箱之间都有操作台面，防止溅洒和物品太过拥挤。

3. U 形橱柜

U 形橱柜一般要求厨房面积较大，这种橱柜既方便取用每一件物品，又能最大限度地利用空间进行烹饪和储物，两人可同时在厨房轻松工作。两排相对的柜子之间至少要保持120cm的距离。若是空间窄小，可以一边选择深度为60cm的柜子，另一边选择深度为35cm的柜子。

4. 岛形橱柜

岛形橱柜是指在独立于橱柜之外的区域布置有柜体的单独操作区，即橱柜岛台。橱柜岛台只适用于开放式厨房，在现代装修中其最大的作用就是作为厨房与其他空间的隔断。

岛形橱柜有更多的操作台面和储物空间，便于多人同时在厨房工作。如有需要，也可以在厨房岛台安装水槽、烤箱或炉灶。

5. 二字形橱柜

二字形橱柜又叫作走廊式厨房，是沿着两面相对的墙建立两排工作和储物区。这种厨房不需要很大的空间，厨房尽头有门或窗即可。两排相对的柜子之间至少要保持120cm的距离，以确保能有足够的空间开启柜门。

橱 柜 1

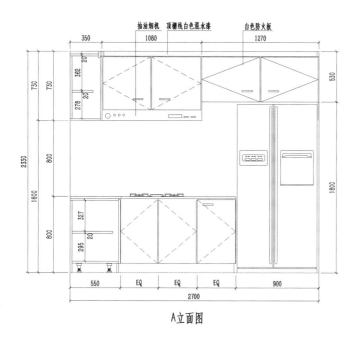

A立面图

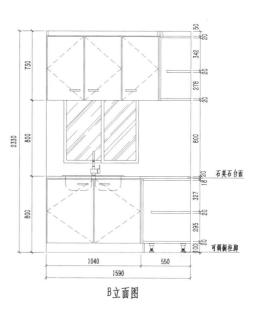

B立面图

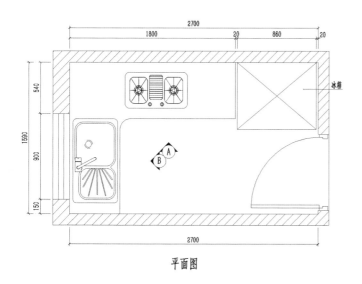

平面图

橱 柜 2

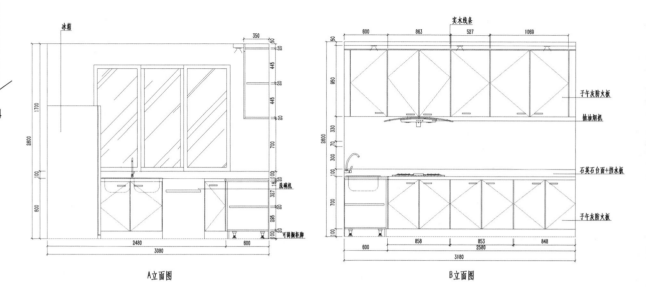

A立面图

B立面图

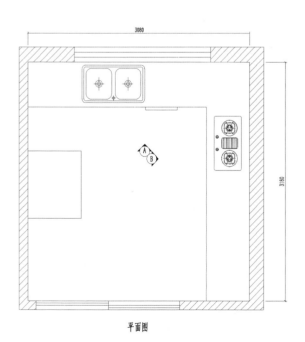

平面图

橱 柜 3

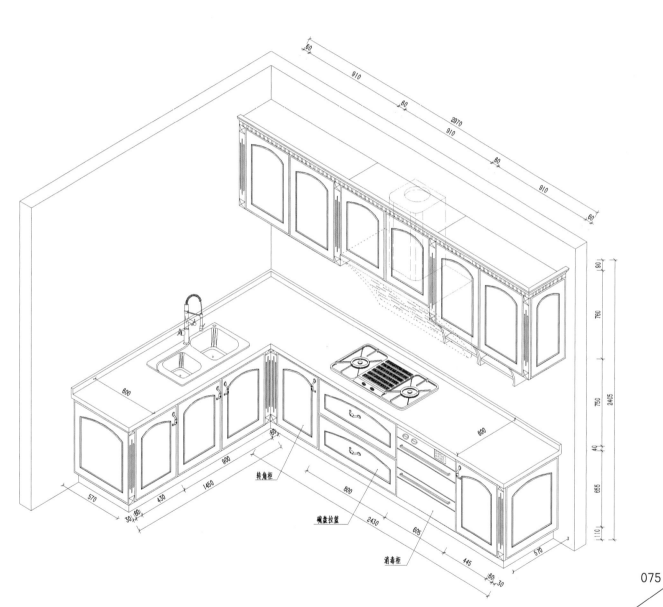

60
910
60
2870
910
60
910
60
80
760
750
40
2405
655
110
600
600
570
30 60
430
1450
900
60
转角柜
800
碗盘拉篮
2430
605
445
60 30
消毒柜
570

橱 柜 4

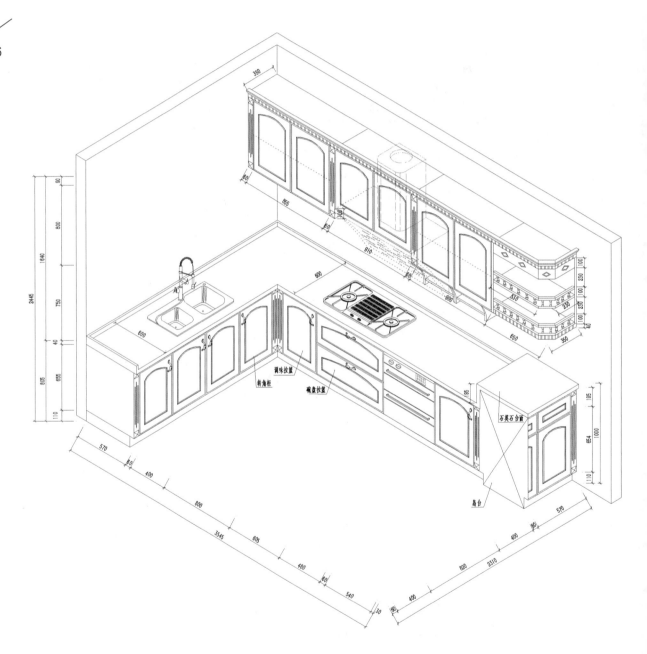

转角柜
调味拉篮
碗盘拉篮
石英石台面
岛台

橱 柜 5

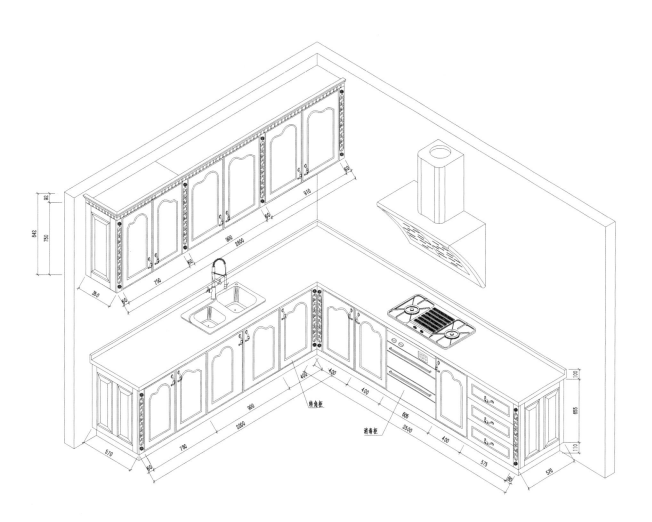

转角柜

消毒柜

橱 柜 6

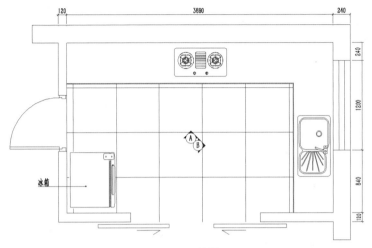

平面图

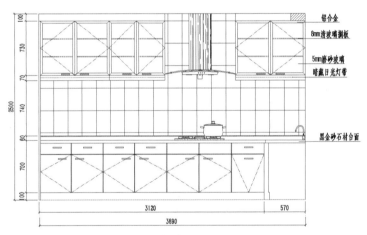

A立面图

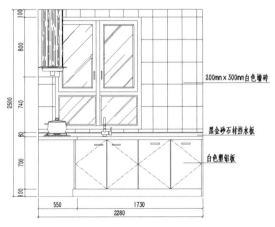

B立面图

橱 柜 7

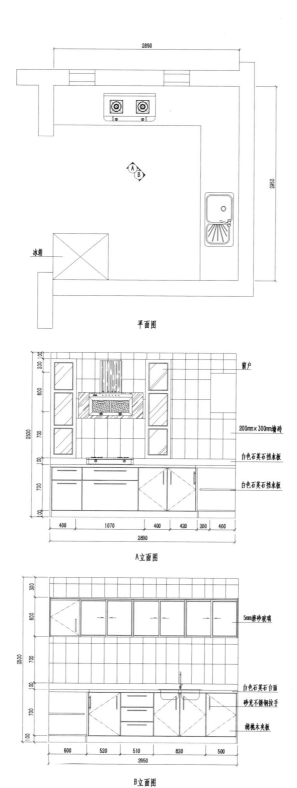

2890

2950

冰箱

平面图

窗户

200mm×300mm墙砖

白色石英石挡水板

白色石英石挡水板

2500

400 1070 400 420 200 400

2890

A立面图

5mm磨砂玻璃

白色石英石台面

砂光不锈钢拉手

树脂木夹板

2500

600 520 510 820 500

2950

B立面图

橱 柜 8

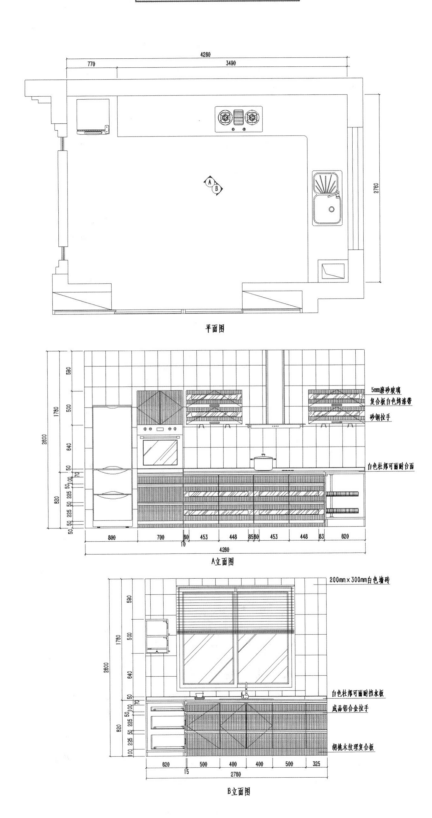

平面图

A立面图

B立面图

5mm磨砂玻璃
复合板白色烤漆带
砂钢拉手

白色杜邦可丽板耐台面

200mm×300mm白色墙砖

白色杜邦可丽板耐挡水板
成品铝合金拉手
樱桃木纹理复合板

橱 柜 9

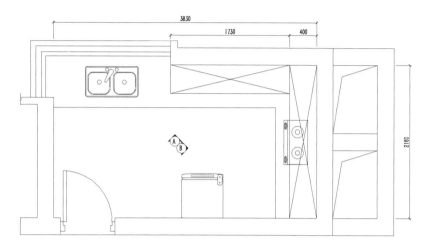

平面图

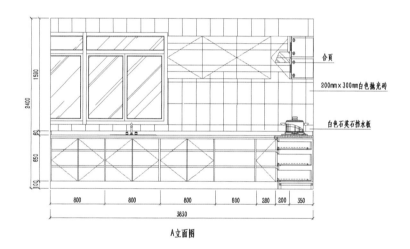

合页

200mm×300mm白色抛光砖

白色石英石挡水板

A立面图

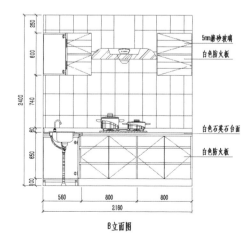

5mm磨砂玻璃

白色防火板

白色石英石台面

白色防火板

B立面图

橱 柜 10

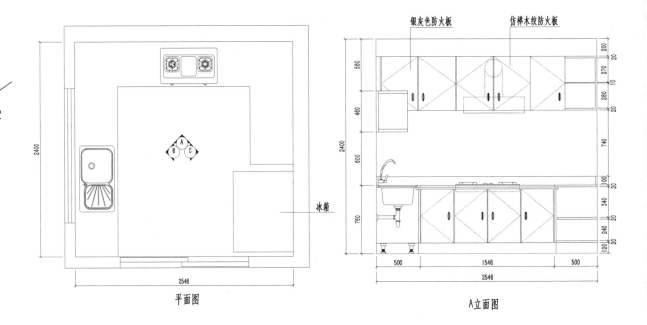

平面图

A立面图

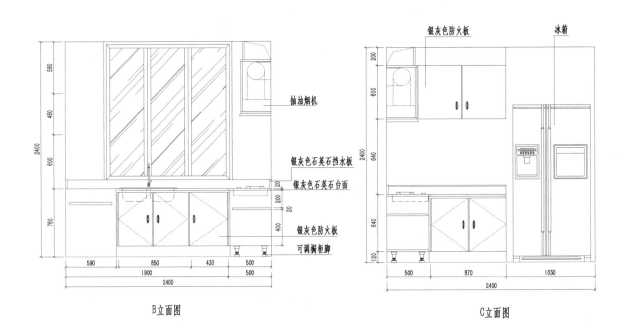

B立面图

C立面图

橱 柜 11

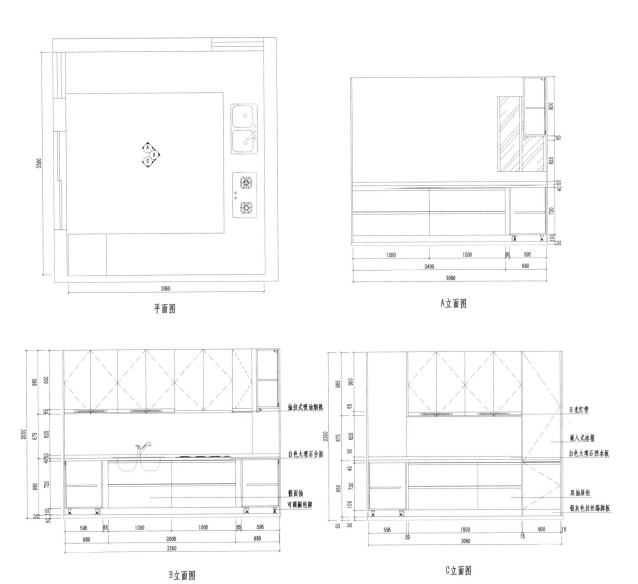

平面图

A立面图

B立面图

C立面图

抽拉式吸油烟机
白色大理石台面
假面抽
可调铜柜脚

日光灯管
嵌入式冰箱
白色大理石挡水板
双抽屉柜
银灰色拉丝踢脚板

橱 柜 12

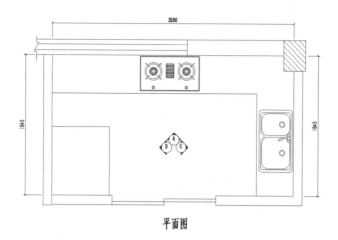

平面图

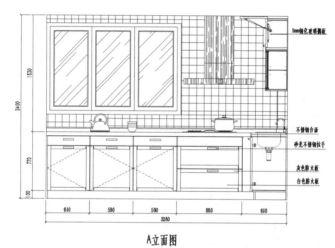

A立面图

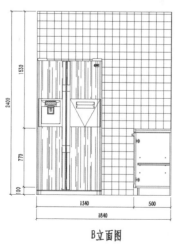

B立面图

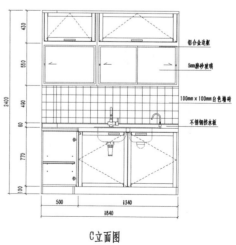

C立面图

第8章 电 视 柜

电视柜主要用于摆放电视。它是家具中的一个种类,是因人们不满足把电视随意摆放而产生的,也称为视听柜、客厅组合柜等。

随着人们生活水平的提高,与电视相配套的电子设备的相应出现,使电视柜的用途从单一化向多元化发展,此后电视柜不再是单一地摆放电视,而是集电视、机顶盒、DVD、音响设备、路由器等产品的收纳和摆放于一体。

1. 结构类型

(1)地柜式。地柜式电视柜大体上和地柜类似,是家居生活中使用比较多、比较常见的电视柜。其最大的优点是有很不错的装饰效果,无论是放在客厅还是放在卧室,它都能起到很好的装饰效果。

(2)组合式。组合式电视柜是传统地柜式电视柜的一种升级产品,也是近年来最受消费者喜欢的电视柜,组合式电视柜可以和酒柜、装饰柜、地柜等组合在一起形成独具匠心的电视柜。

(3)板架式。板架式电视柜的特点与组合式电视柜相似,但是板架式电视柜采用的材质主要为板材,在实用性和耐用性方面更加突出。

2. 设计注意事项

造型美观和方便实用的电视柜不仅可以用来收纳物品,还能美化客厅,为家居空间增添光彩,所以电视柜的设计极为重要。

(1)配合客厅风格。现代风格的客厅,一般要求电视柜线条简单、造型优美;古典风格的客厅,宜选择实木电视柜;田园风格的客厅,宜选择颜色比较跳跃的电视柜。

(2)尺寸要合适。电视柜的尺寸要与电视墙的长宽、电视机的宽高相匹配。电视摆放的位置最好为离地40cm处,这样可以保证观看电视的视线处于坐下时的视平线下方。当然电视柜上方也要留一些位置,以便放置物品。

(3)材料要适当。电视柜的材料宜选散热性能好的,以方便布线。

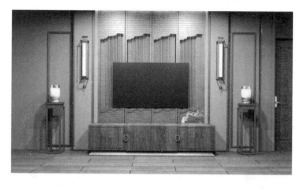

电视柜1

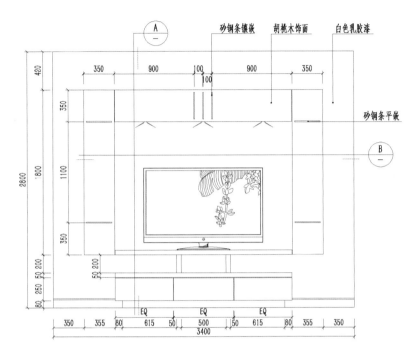

砂钢条镶嵌　胡桃木饰面　白色乳胶漆

砂钢条平嵌

立面图

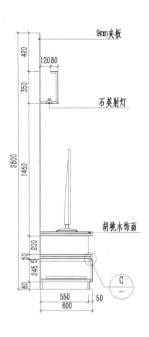

9mm夹板

石英射灯

胡桃木饰面

A剖面图

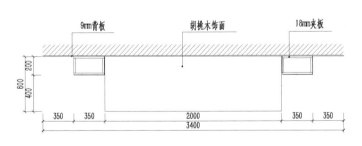

9mm背板　　胡桃木饰面　　18mm夹板

B剖面图

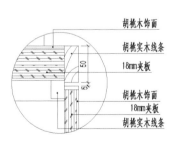

胡桃木饰面

胡桃实木线条

18mm夹板

胡桃木饰面

18mm夹板

胡桃实木线条

C大样图

电视柜 2

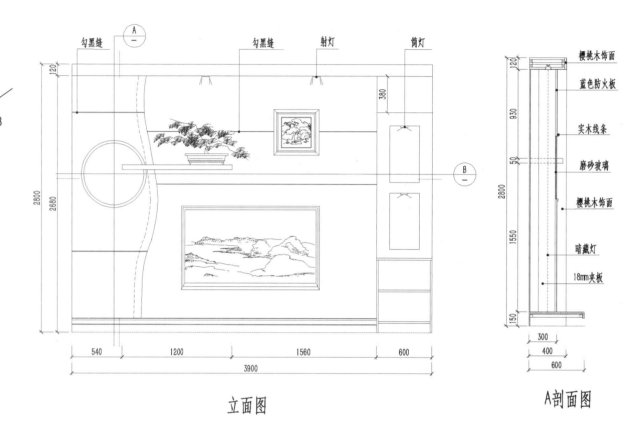

勾黑缝　　　勾黑缝　　射灯　　筒灯

樱桃木饰面
蓝色防火板
实木线条
磨砂玻璃
樱桃木饰面
暗藏灯
18mm夹板

120
930
50
1550
150
2800

300
400
600

120
2800
2680

540　1200　1560　600
3900

立面图

A剖面图

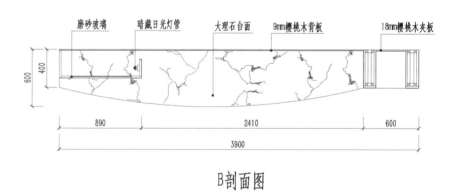

磨砂玻璃　暗藏日光灯管　大理石台面　9mm樱桃木背板　18mm樱桃木夹板

600
400

890　2410　600
3900

B剖面图

电视柜3

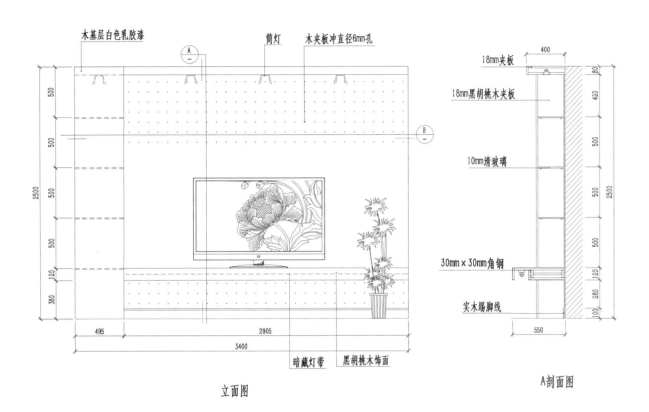

木基层白色乳胶漆　　筒灯　木夹板冲直径6mm孔

500
500
2500
500
500
120
380

495　　2905

3400

暗藏灯带　黑胡桃木饰面

立面图

18mm夹板
18mm黑胡桃木夹板
10mm清玻璃
30mm×30mm角钢
实木踢脚线

400
80
420
500
2500
500
500
120
280
100

550

A剖面图

10mm清玻璃　　　　　　　　　　9mm黑胡桃木背板

300
550
250

黑胡桃木饰面

250　250　2900

3400

B剖面图

电视柜 4

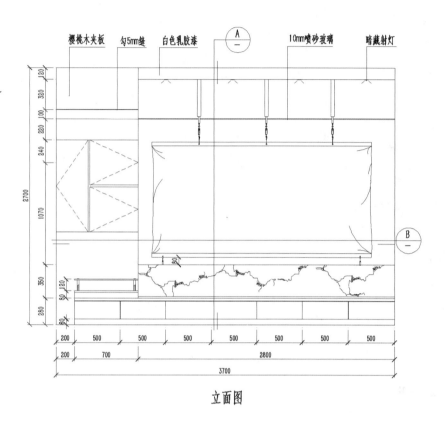

立面图

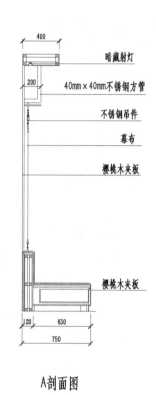

A剖面图

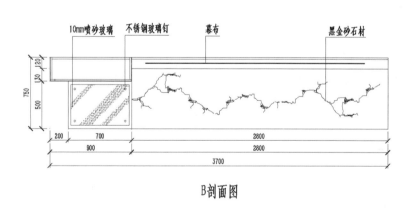

B剖面图

电 视 柜 5

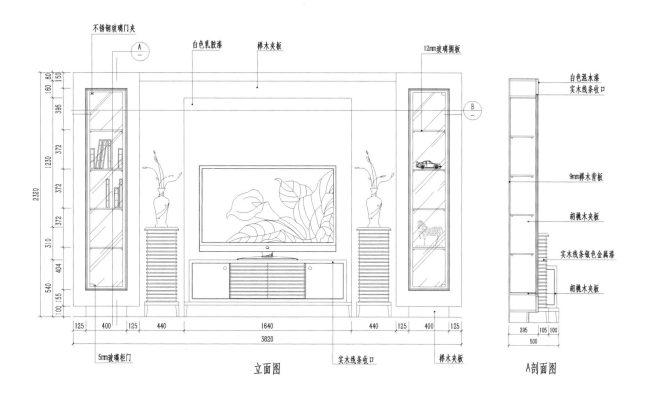

不锈钢玻璃门夹　　白色乳胶漆　　榉木夹板　　12mm玻璃搁板

白色混水漆
实木线条收口

9mm榉木背板

胡桃木夹板

实木线条银色金属漆

胡桃木夹板

5mm玻璃柜门　　实木线条收口　　榉木夹板

立面图

A剖面图

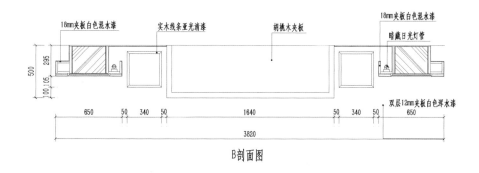

18mm夹板白色混水漆　　实木线条亚光清漆　　胡桃木夹板　　18mm夹板白色混水漆

暗藏日光灯管

双层12mm夹板白色浑水漆

B剖面图

电视柜6

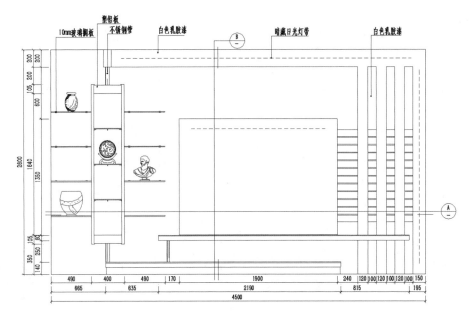

立面图

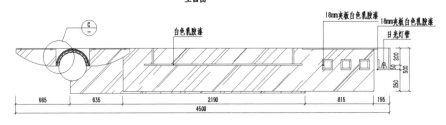

A剖面图

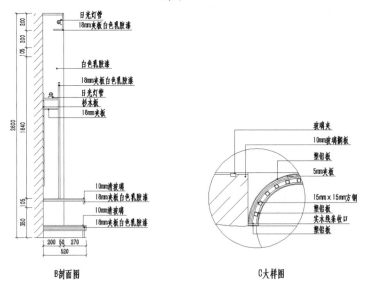

B剖面图   C大样图

电 视 柜 7

白色乳胶漆　暗藏灯带(蓝色)　20mm×50mm实木条　淡黄色乳胶漆　白色乳胶漆　12mm夹丝钢化玻璃
淡黄色乳胶漆　　　　　　　　射灯

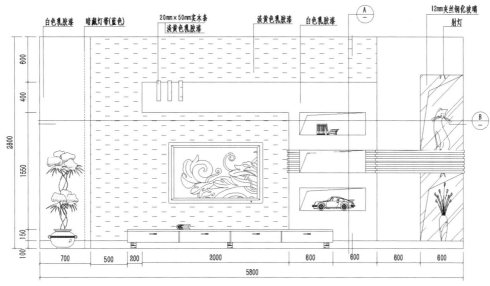

立面图

白色乳胶漆

纸面石膏板
白色乳胶漆

20mm×30mm实木条
淡黄色乳胶漆

白色乳胶漆

纸面石膏板
白色乳胶漆
砂光不锈钢踢脚板

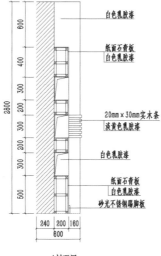

A剖面图

纸面石膏板　淡黄色乳胶漆　黑色瓦楞饰面　　　　　　　纸面石膏板
白色乳胶漆　　　　　　　　　　　　　　　　　　　　白色乳胶漆

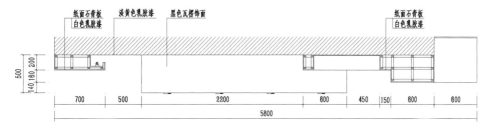

B剖面图

电视柜8

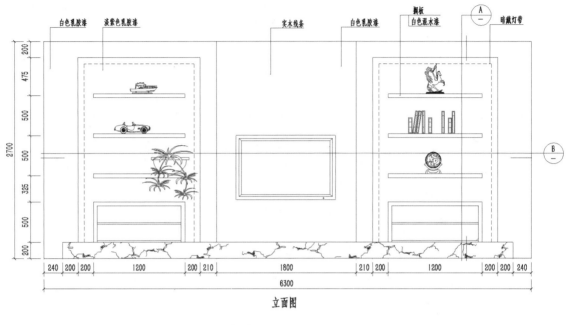

白色乳胶漆　凌紫色乳胶漆　　　　　　实木线条　　白色乳胶漆　搁板　白色混水漆　暗藏灯带

2700

200 475 500 500 325 500 200

240 200 200 1200 200 210 1800 210 200 1200 200 200 240

6300

立面图

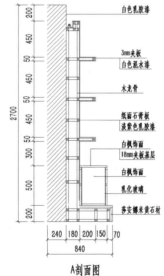

白色乳胶漆

3mm夹板
白色混水漆

木龙骨

纸面石膏板
凌紫色乳胶漆

白枫饰面
18mm夹板基层

白枫饰面

乳化玻璃

莎安娜米黄石材

2700

200 450 50 450 50 450 50 300 500 200

240 180 200 150 70

840

A剖面图

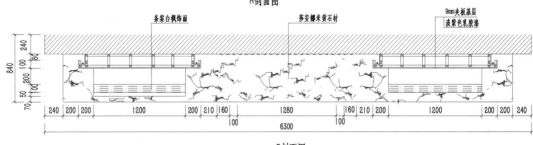

条案白枫饰面　　　　　莎安娜米黄石材　　　　　9mm夹板基层
　　　　　　　　　　　　　　　　　　　　凌紫色乳胶漆

840

240 80 200 50 70

240 200 200 1200 200 210 160 1280 160 210 200 1200 200 200 240

100 100

6300

B剖面图

电 视 柜 9

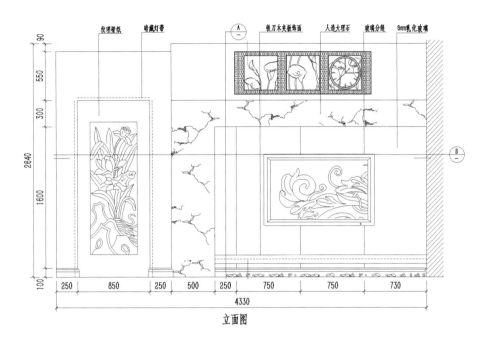

纹理壁纸　暗藏灯带　　铁刀木夹板饰面　　人造大理石　玻璃分缝　　8mm乳化玻璃

90
550
300
2640
1600
100

250　850　250　500　250　750　750　730

4330

立面图

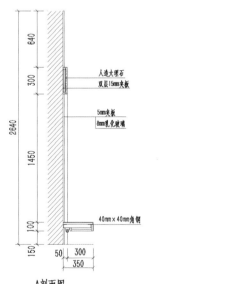

640
300
2640
1450
100
150

人造大理石
双层15mm夹板

5mm夹板
8mm乳化玻璃

40mm×40mm角钢

50　300
350

A剖面图

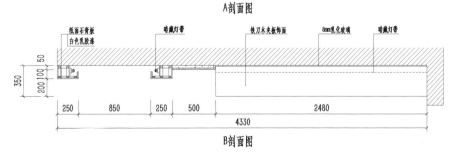

纸面石膏板　　暗藏灯带　　铁刀木夹板饰面　　8mm乳化玻璃　　暗藏灯带
白色乳胶漆

350　50
200　100　50

250　850　250　500　2480

4330

B剖面图

电视柜 10

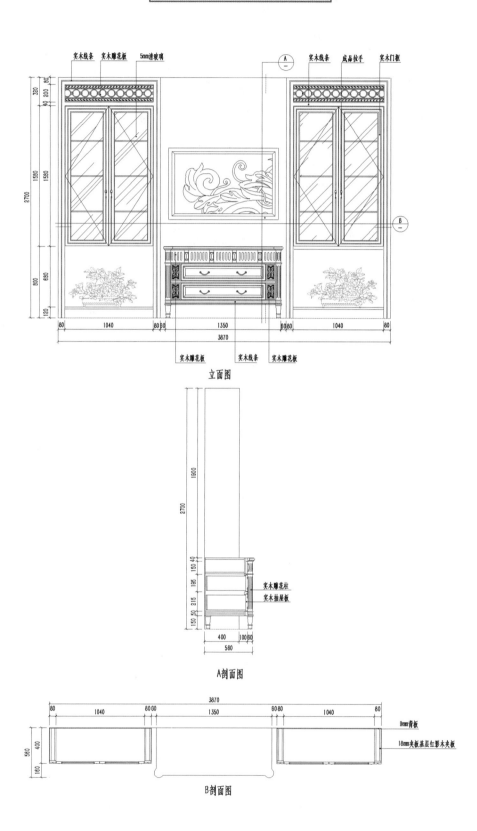

立面图

A剖面图

B剖面图

电视柜 11

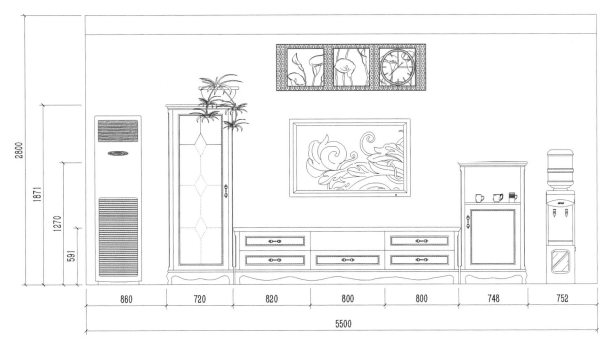

2800
1871
1270
591

| 860 | 720 | 820 | 800 | 800 | 748 | 752 |

5500

立面图

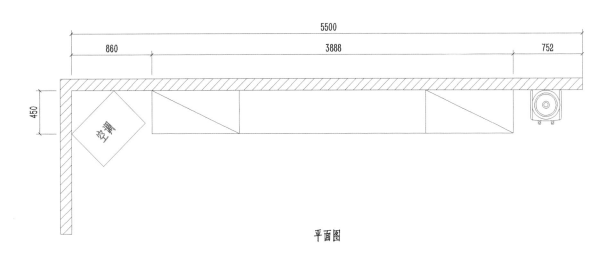

| 860 | 3888 | 752 |

5500

450

平面图

电 视 柜 12

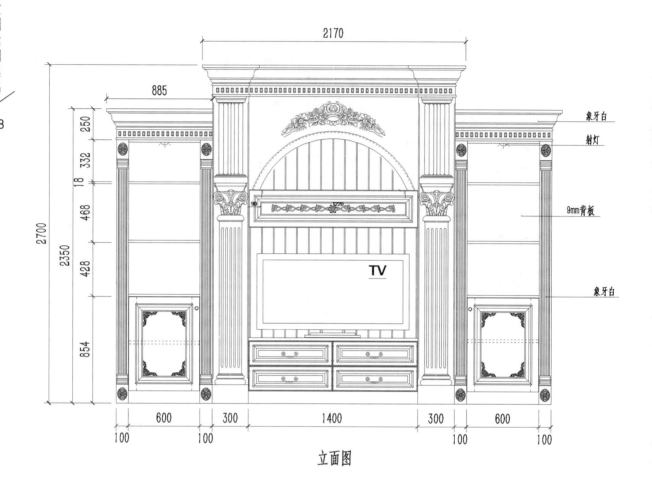

2170

885

2700

2350

250

332

18

468

428

854

象牙白

射灯

9mm背板

象牙白

TV

600   300   1400   300   600

100   100   100   100

立面图

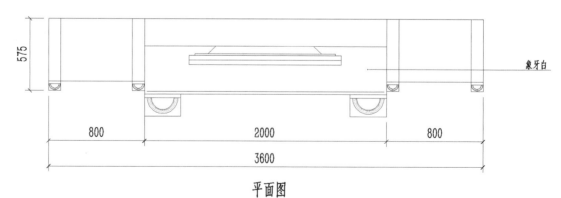

575

800   2000   800

3600

象牙白

平面图

电视柜 13

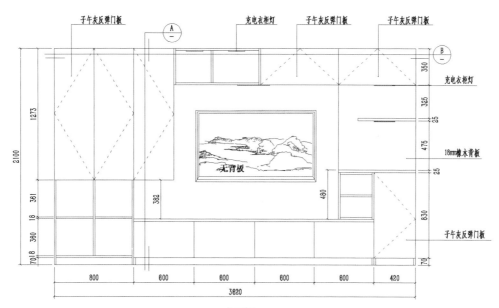

立面图

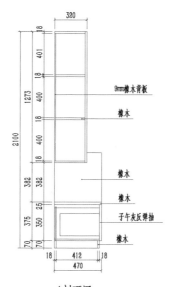

A剖面图

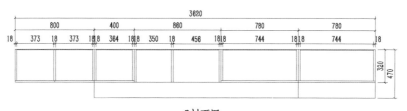

B剖面图

电视柜 14

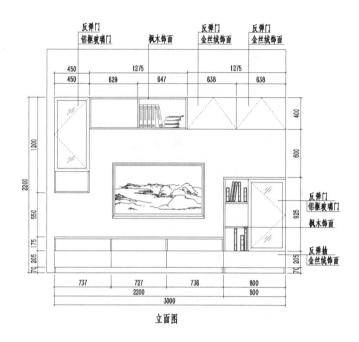

立面图

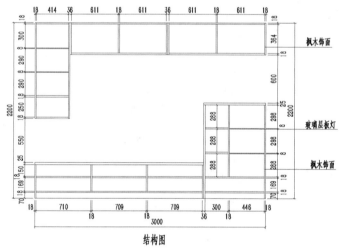

结构图

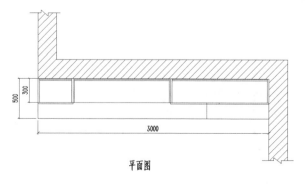

平面图

电 视 柜 15

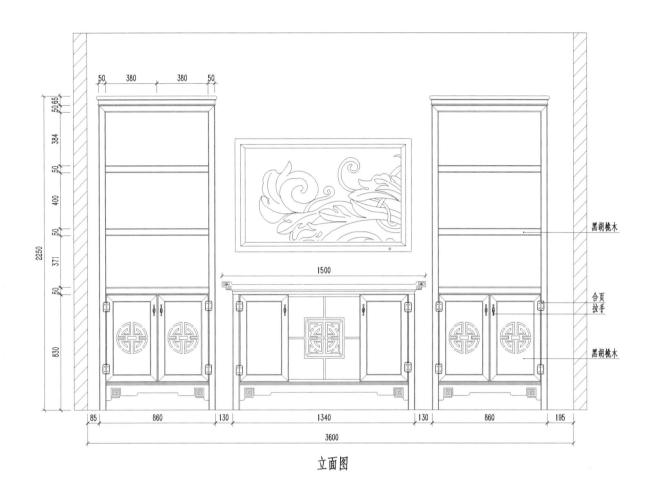

50 380 380 50

50 65
384
50
400
50
371
50
830

2850

黑胡桃木

合页
拉手

黑胡桃木

1500

85 860 130 1340 130 860 195

3600

立面图

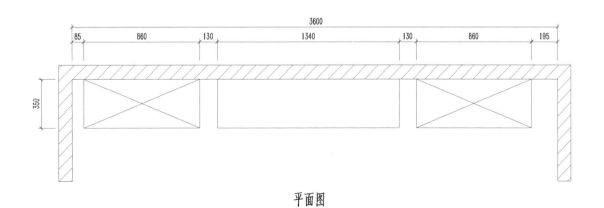

3600

85 860 130 1340 130 860 195

350

平面图

电 视 柜 16

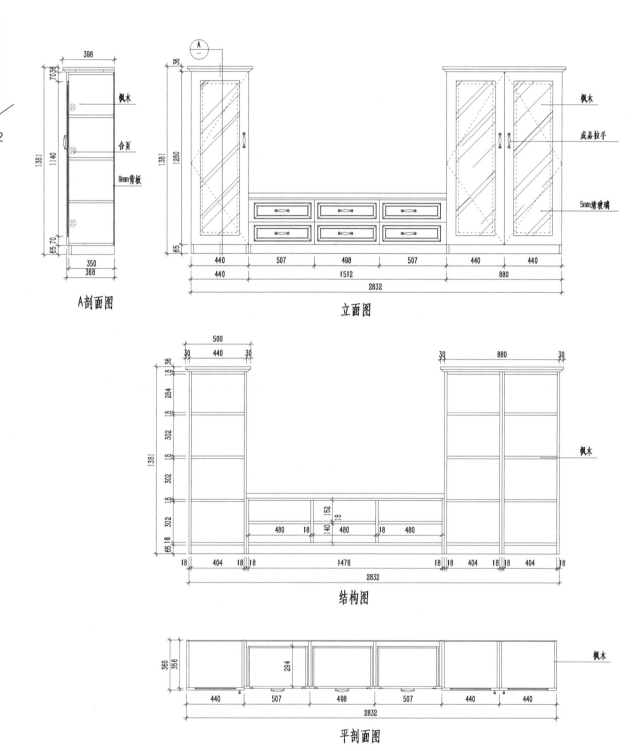

枫木

合页

9mm背板

A剖面图

立面图

枫木

成品拉手

5mm清玻璃

枫木

结构图

枫木

平剖面图

电视柜 17

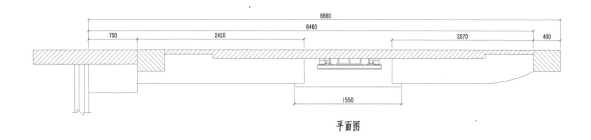

平面图

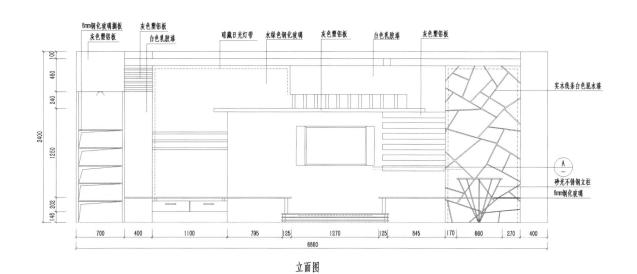

立面图

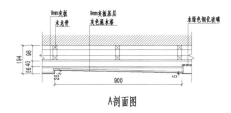

A剖面图

第9章 装饰柜

装饰柜泛指床头柜、边柜、挂柜、玄关鞋柜以及书柜等能够起装饰作用的柜子。它们不仅具有实用功能，还具有装饰功能，可以增添室内的美感。

1. 装饰柜风格分类

（1）田园风格。大量使用密度面板和部件，借用木工雕刻等传统工艺，为装饰柜打造一种古香古色的田园气息，展现出生活的悠闲静谧以及家庭的舒适温馨。

（2）现代风格。多采用防火板或烤漆的面板，突出简约大气和文雅质朴，适合生活节奏快、工作繁忙的年轻人使用。

（3）经典风格。多采用实木材质，适合对生活品质有一定追求的人使用。

（4）前卫风格。大量采用昂贵金属和新型高科技材料，浓烈的色彩带给人视觉上的冲击，能体现出一种不落俗套、与时俱进、积极向上的前卫风。

2. 装饰柜尺寸

装饰柜的尺寸有很多种。一般高度为50～60cm，深度为30～45cm，长度为120～390cm，柜子与柜子之间的间隔距离不宜大于70cm。当然，如果房间比较宽敞，尺寸也可以放大一点。装饰柜的大小需要根据家中放置位置的空间大小而定，使装饰柜与室内整体效果相协调，达到和谐的美感。

装 饰 柜 1

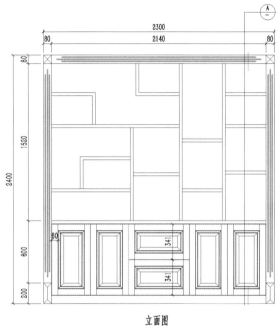

立面图

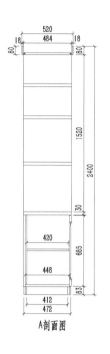

A剖面图

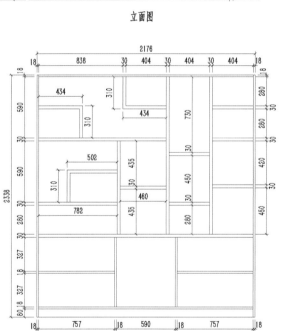

结构图

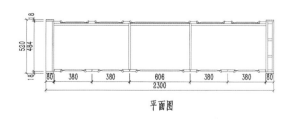

平面图

装 饰 柜 2

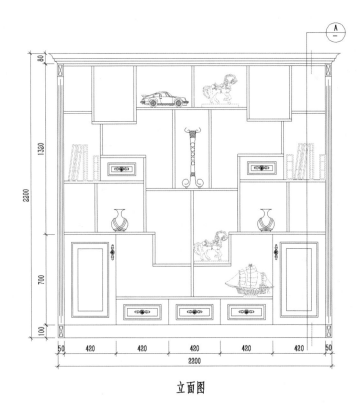

立面图

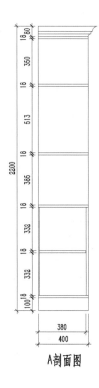

A剖面图

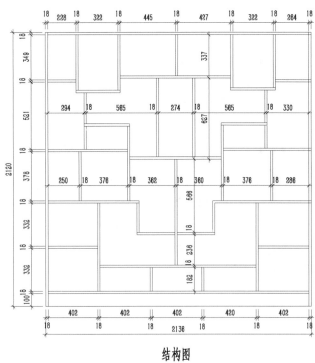

结构图

装饰柜 3

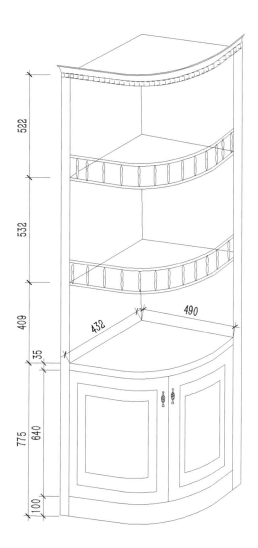

装饰柜4

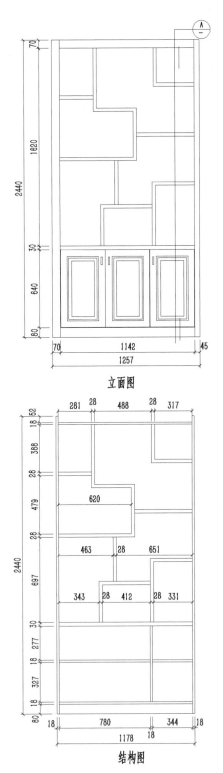

立面图

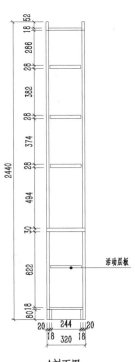

A剖面图

活动层板

结构图

装饰柜5

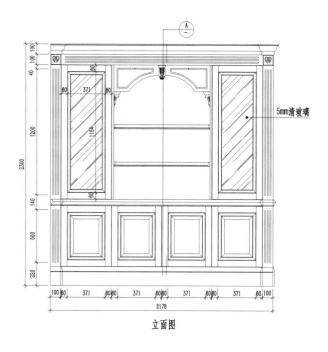

立面图

5mm清玻璃

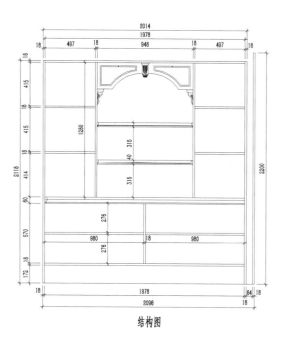

结构图

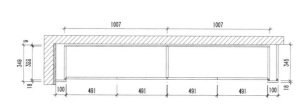

平面图

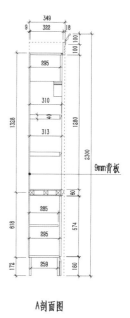

A剖面图

9mm背板

说明：①柜体颜色为樱桃木茶青色。
②材料为中纤板。

装饰柜6

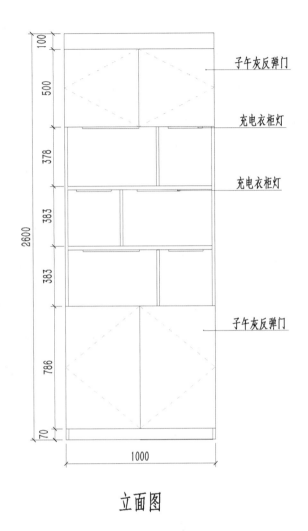

子午灰反弹门

充电衣柜灯

充电衣柜灯

子午灰反弹门

2600

1000

立面图

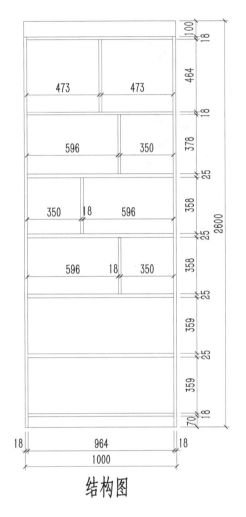

结构图

9mm背板

310

1000

平面图

说明：柜体材料为宾州橡。

装饰柜7

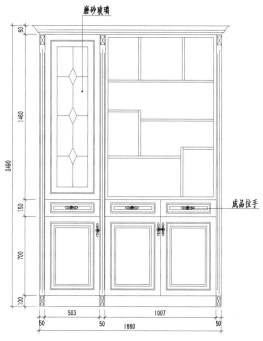

立面图

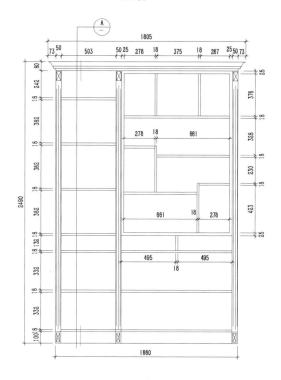

结构图

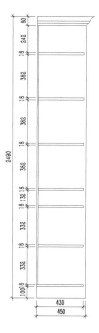

A剖面图

装 饰 柜 8

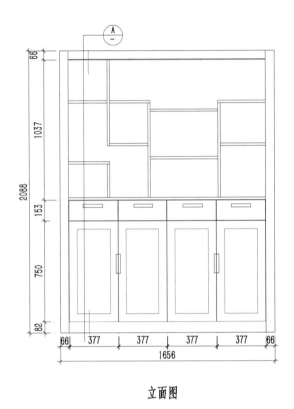

立面图

结构图

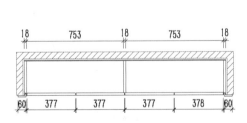

平面图

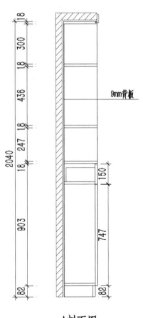

A剖面图

装 饰 柜 9

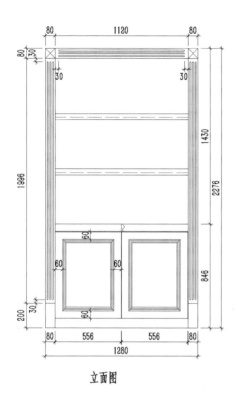

立面图

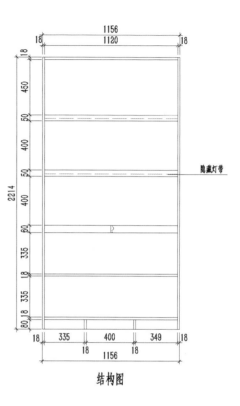

隐藏灯带

结构图

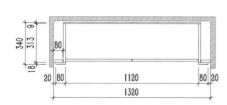

平面图

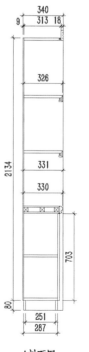

A剖面图

装 饰 柜 10

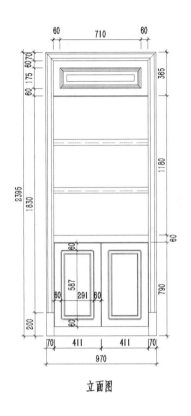

立面图

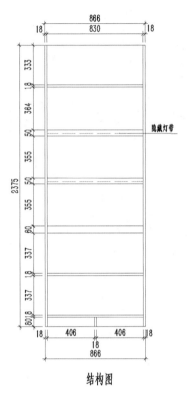

隐藏灯带

结构图

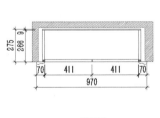

平面图

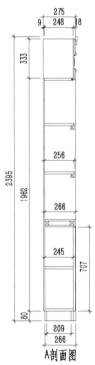

A剖面图

装 饰 柜 11

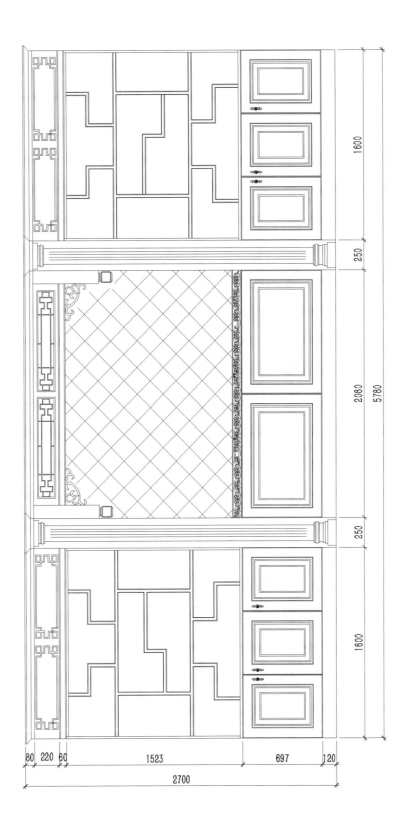

第10章 阳 台 柜

一般的居室，阳台除了晾晒衣服外，利用率不是很高，但若是通过阳台柜将阳台恰当地利用起来，也能创造很多新意，增加阳台的实际使用效果。阳台柜设计应该注意的细节如下。

（1）阳台柜的颜色应当与阳台地面或室内地面的颜色搭配相统一，达到设计元素的协调，使整个空间更加美观。

（2）如果室内面积小，而个人比较喜欢浏览书籍的话，则可以把阳台柜设计成一个书柜，使阳台变成独立的书房，这样的设计不仅能使阳台的使用率提高，展现出它的价值，还能丰富用户的日常生活，让阳台柜充分发挥了相应的作用。

（3）阳台柜在设计的时候，还应着重考虑室内的采光和通风情况，阳台柜的布置不能挡住采光

口和通风口。

阳台柜1

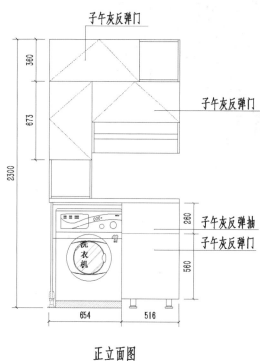

正立面图

子午灰反弹门
子午灰反弹门
子午灰反弹抽
子午灰反弹门
洗衣机

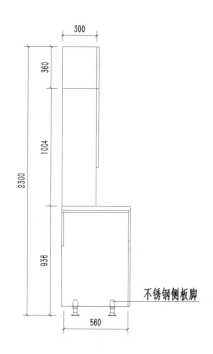

结构图

橡木
橡木
橡木
18mm橡木背板
PP可调脚

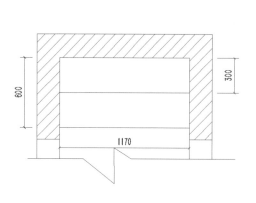

平面图

侧立面图

不锈钢侧板脚

阳台柜 2

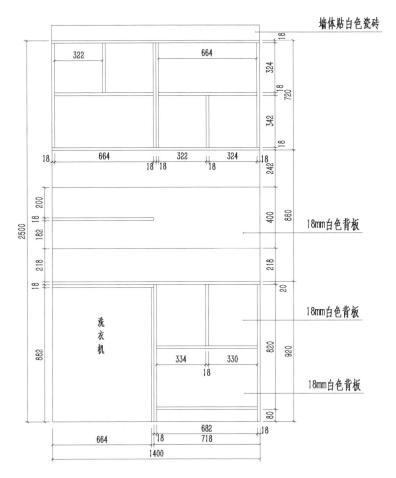

墙体贴白色瓷砖

18mm白色背板

18mm白色背板

18mm白色背板

洗衣机

立面图

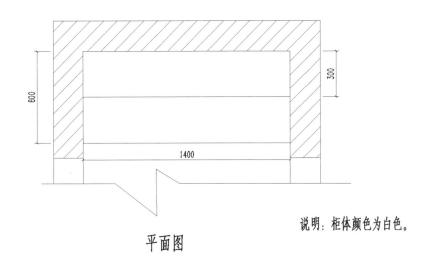

平面图

说明：柜体颜色为白色。

阳台柜3

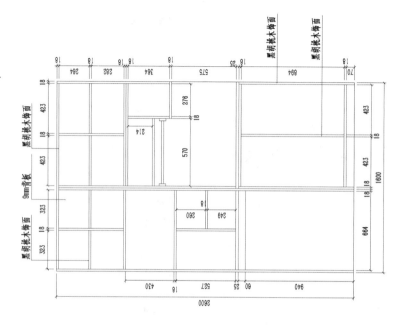

结构图

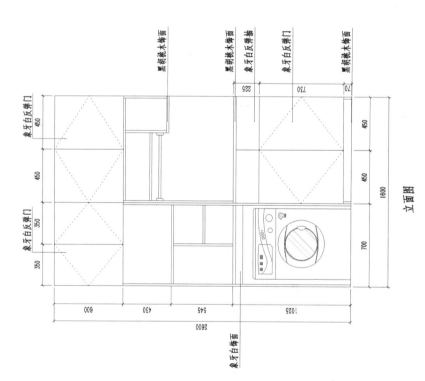

立面图

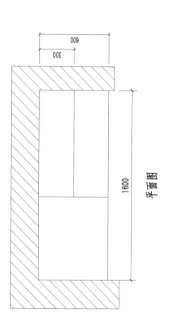

平面图

阳 台 柜 4

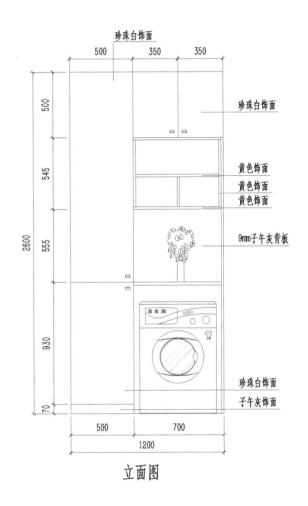

珍珠白饰面

珍珠白饰面

黄色饰面
黄色饰面
黄色饰面

9mm子午灰背板

珍珠白饰面

子午灰饰面

立面图

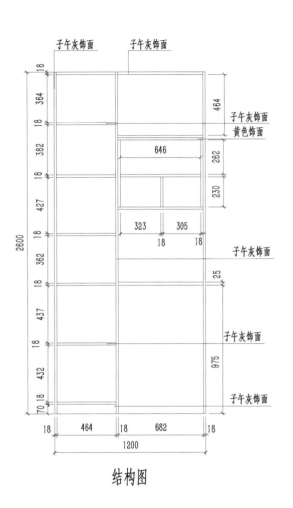

子午灰饰面   子午灰饰面

子午灰饰面
黄色饰面

子午灰饰面

子午灰饰面

子午灰饰面

结构图

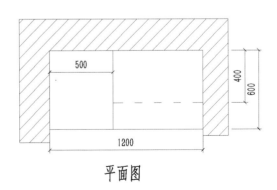

平面图

阳台柜5

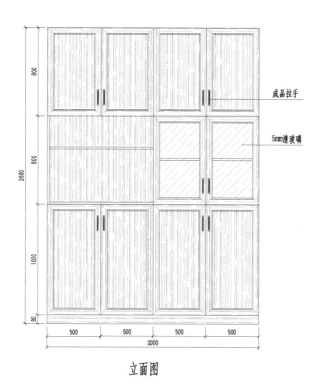

成品拉手

5mm清玻璃

立面图

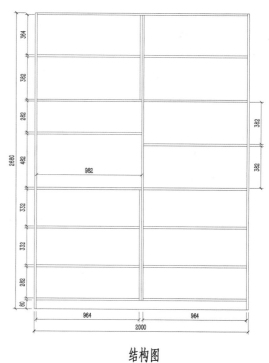

结构图

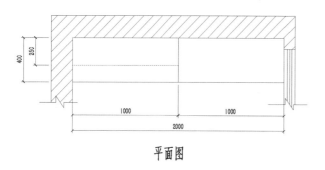

平面图

说明：① 柜身材质为山纹胡桃木刨花板。
② 柜门为山纹胡桃木染色实木贴皮造型门，厚度为20mm。
③ 竖板厚度为18mm，层板厚度为18mm，封板厚度为9mm，背板厚度为9mm。

第11章 床

床的基本功能是人躺在上面能舒适地睡眠和休息，以消除每天的疲劳，恢复精力和体力。因此，设计床类家具必须注重床与人体的关系，着眼于床的尺度与弹性结构，使床具备支撑人体卧姿处于最佳状态的条件，使人得到更好的休息。

按照不同的标准，床可以进行以下分类。

（1）按样式可分为西式箱体床、中式传统架子床、简约架子床等。

（2）按材料可分为铁床、木床、不锈钢床、布艺床、皮面床等。

（3）按形式可分为单人床、双人床、上下铺双层床、电动床、关节康复护理床、电动起背床、智能翻身护理床等。

本章给出的是双人床定制案例。

双人床1

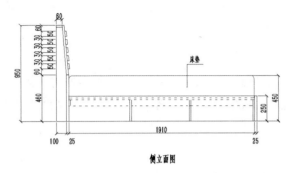

床垫

侧立面图

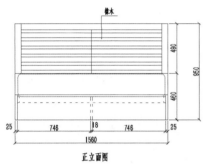

橡木

正立面图

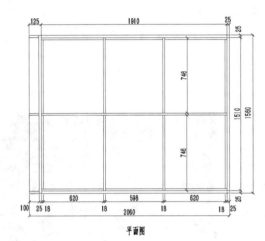

平面图

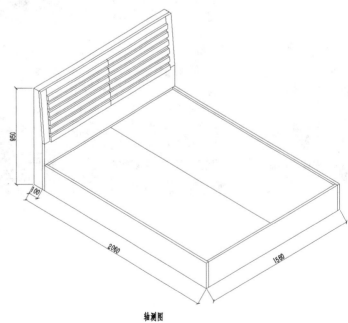

轴测图

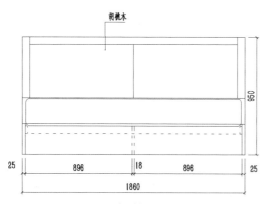

胡桃木

正立面图

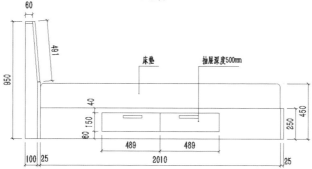

床垫　　　抽屉深度500mm

侧立面图

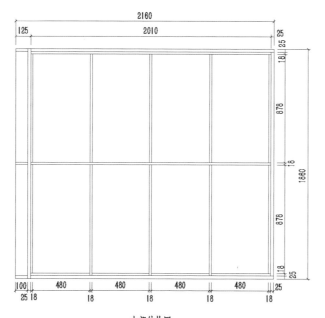

内部结构图

双 人 床 3

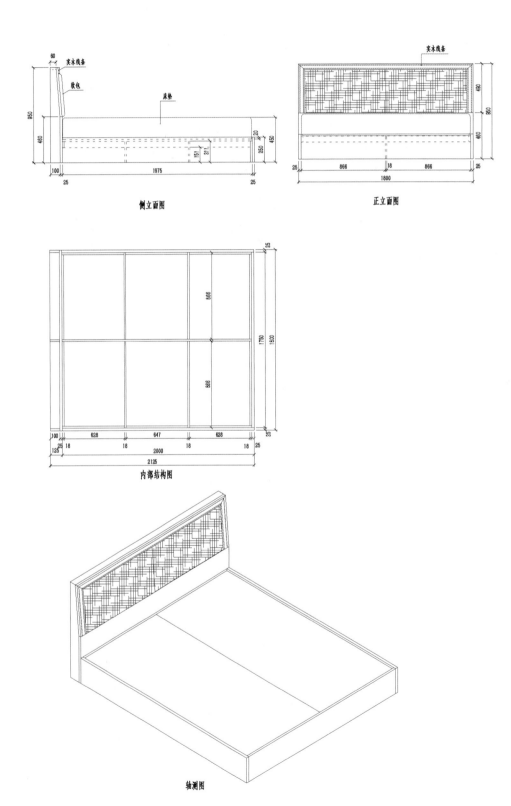

侧立面图

正立面图

内部结构图

轴测图

双人床4

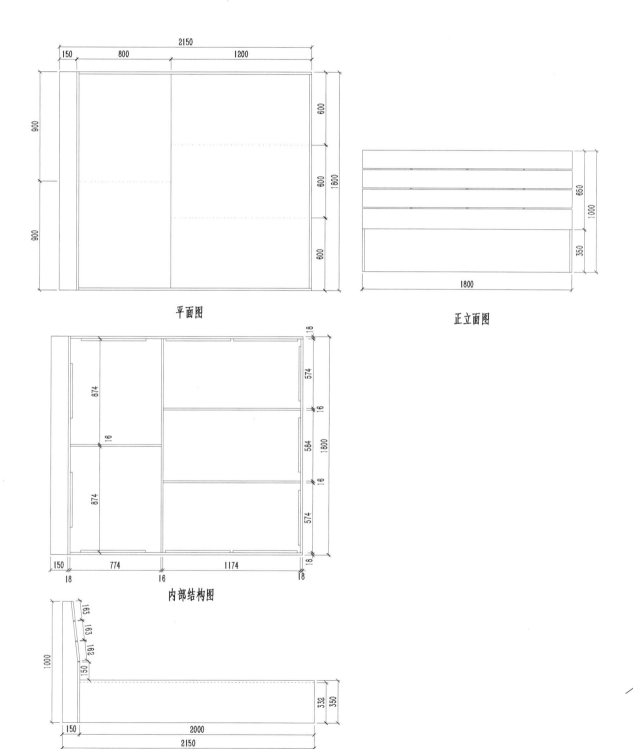

平面图

正立面图

内部结构图

侧立面图

双人床5

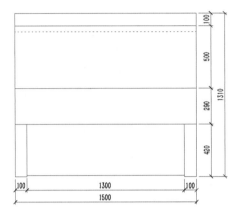

正立面图

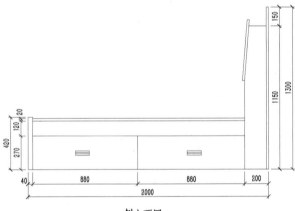

侧立面图

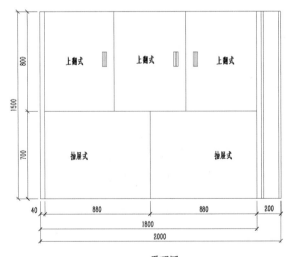

平面图

双人床6

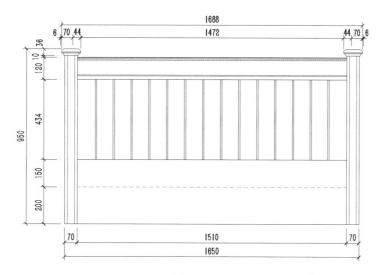

床靠背立面图

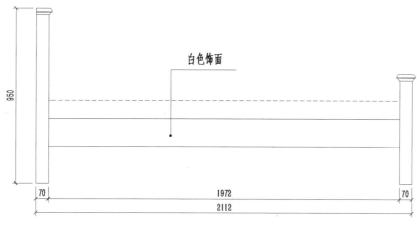

白色饰面

立面图

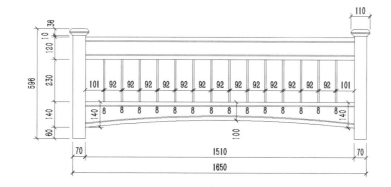

床尾板立面图

双人床7

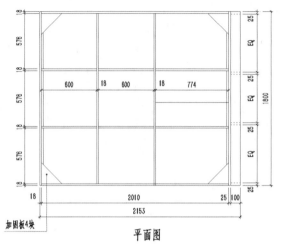

平面图

加固板4块

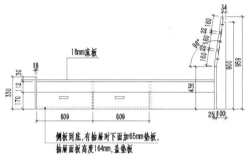

18mm床板

侧板到底,有抽屉时下面加65mm垫板,
抽屉面板高度164mm,盖垫板

侧立面图

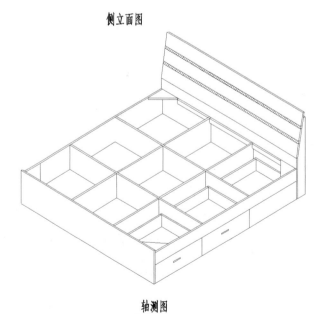

轴测图

说明:①材质为橡木。
　　　②未标注的板,板厚为18mm。

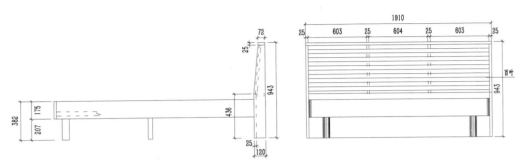

双人床8

側立面图

正立面图

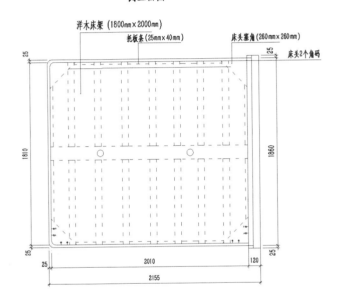

洋木床架(1800mm×2000mm)

托板条(25mm×40mm)

床头塞角(260mm×260mm)

床头2个角码

说明: 主体材质为橡木。

平面图

轴测图

双人床 9

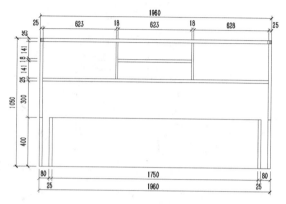

正立面图

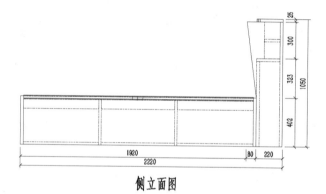

侧立面图

平面图

第12章 多功能组合床

现代城市家具设计受住房面积所限，一般要求在尽量小的空间内实现尽量多的功能，这样就推动了多功能组合家具的发展。多功能组合床是多功能组合家具的一个重要组成部分，这种多功能组合床的设计，一方面要遵循最大化利用空间的原则，另一方面还要考虑休息环境的舒适与协调。

多功能组合床1

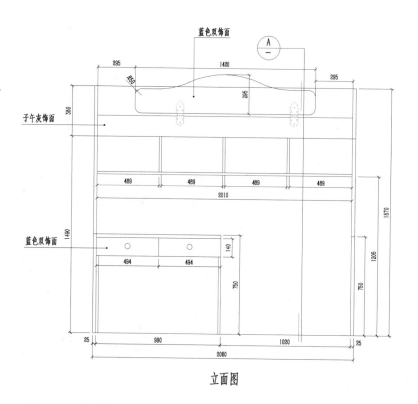

蓝色双饰面

子午灰饰面

蓝色双饰面

立面图

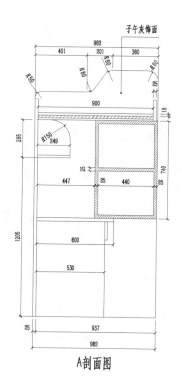

子午灰饰面

A剖面图

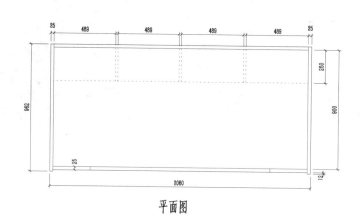

平面图

多功能组合床 2

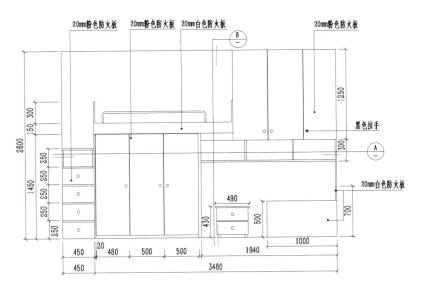

立面图

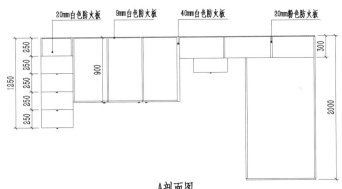

A剖面图

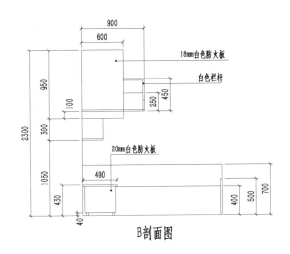

B剖面图

多功能组合床3

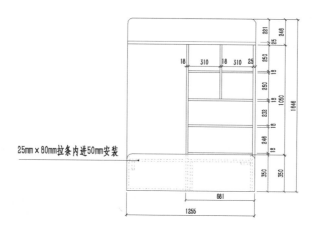

25mm×80mm拉条内进50mm安装

侧立面图

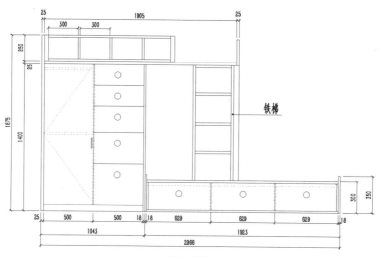

铁梯

正立面图

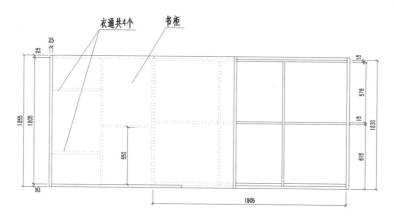

衣通共4个   书柜

平面图

多功能组合床 4

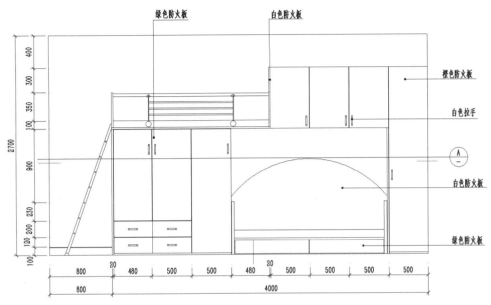

绿色防火板　　　白色防火板

橙色防火板

白色拉手

白色防火板

绿色防火板

立面图

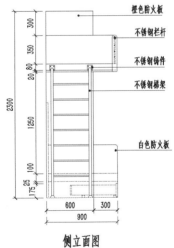

橙色防火板

不锈钢栏杆

不锈钢铸件

不锈钢梯架

白色防火板

侧立面图

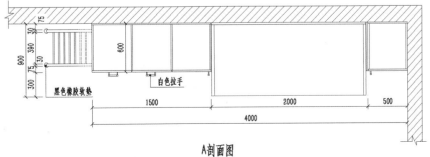

黑色橡胶软垫　　白色拉手

A剖面图

多功能组合床5

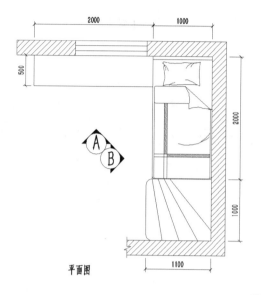

平面图

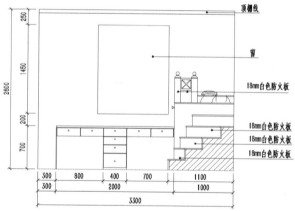

A立面图

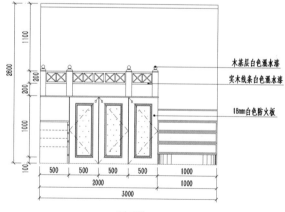

B立面图

多功能组合床6

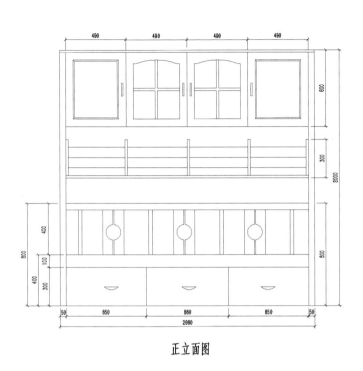

正立面图

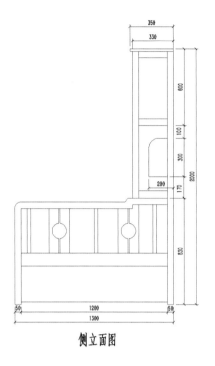

侧立面图

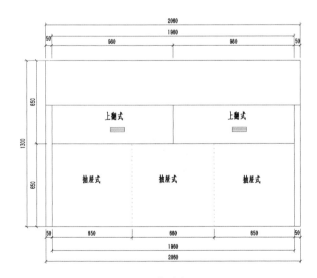

平面图

第13章 床头柜

　　床头柜有侧柜和主柜之分，侧柜是放置在床头左右两侧的小边柜；主柜则比侧柜高很多，一般都是4～6门的铁皮柜或木柜。主要在卧室、宿舍、病房、旅馆等有床的房间内使用，供使用者生活、学习、存取物品。

　　床头柜多用于收纳一些日常用品，或是放置床头灯。储藏于床头柜中的物品，大多是为了适应生活起居需要的物品，如药品等。床头柜上可以摆放一些增加温馨气氛的照片、画作、花等。

床头柜1

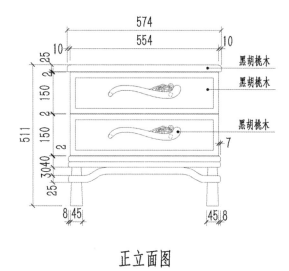

黑胡桃木
黑胡桃木
黑胡桃木

正立面图

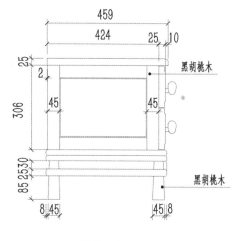

黑胡桃木
黑胡桃木

侧立面图

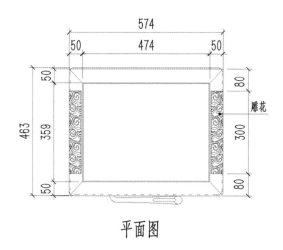

雕花

平面图

床头柜 2

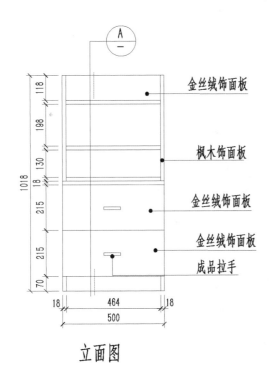

立面图

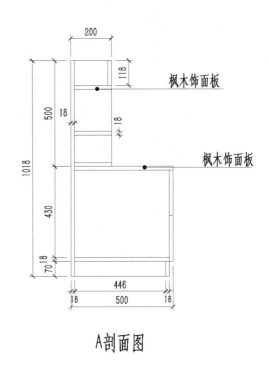

A剖面图

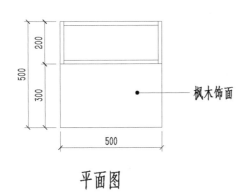

平面图

床头柜 3

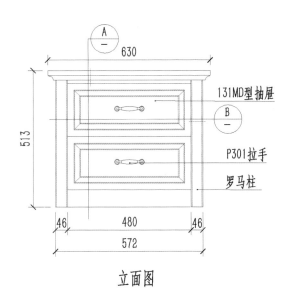

131MD型抽屉

P301拉手

罗马柱

630

513

46 | 480 | 46

572

立面图

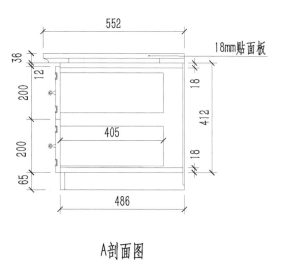

552

18mm贴面板

36

12

200

200

65

18

412

18

405

486

A剖面图

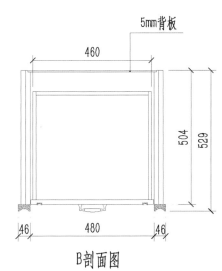

5mm背板

460

504

529

46 | 480 | 46

B剖面图

床头柜 4

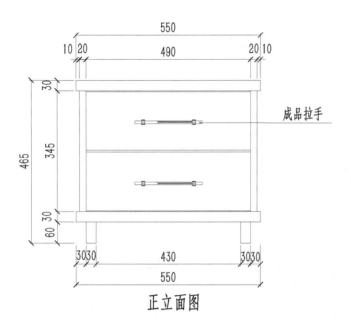

成品拉手

正立面图

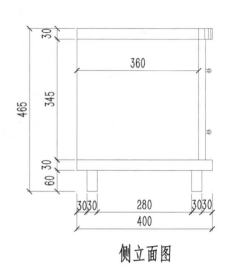

侧立面图

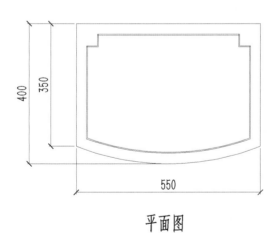

平面图

床头柜 5

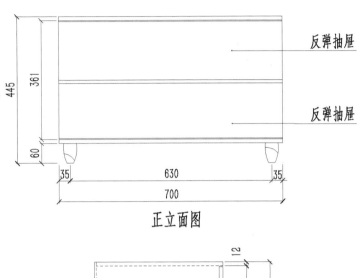

反弹抽屉

反弹抽屉

正立面图

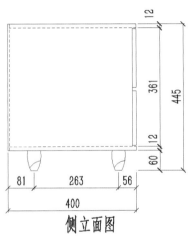

侧立面图

5mm背板

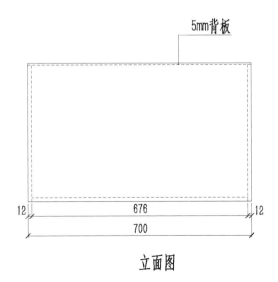

立面图

床头柜 6

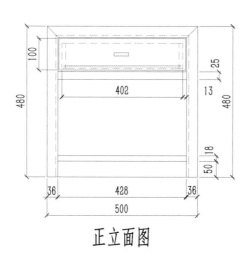

正立面图

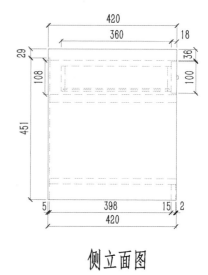

侧立面图

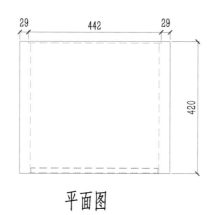

平面图

轴测图

床头柜7

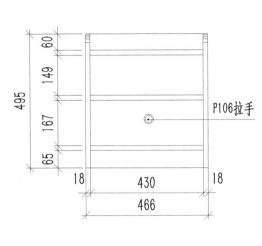

立面图

剖面图

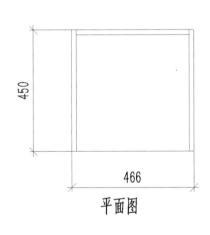

平面图

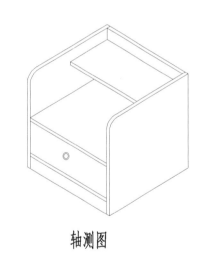

轴测图

P106拉手

说明：①材质为橡木。
②未标注的板，板厚为18mm。

床头柜8

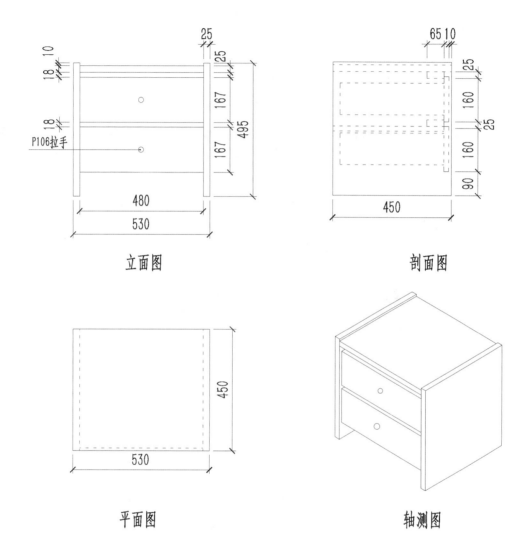

立面图

P106拉手

剖面图

平面图

轴测图

说明：①材质为橡木。

②未标注的板，板厚为18mm。

第 14 章　床头和床头柜组合

　　床头与床头柜巧妙地组合，不仅能增加床与床头柜的实用性，还能增加整个卧室的浪漫与艺术气息。

　　随着床的变化和个性化壁灯的设计，床头柜的款式也随之变得多种多样，越来越能彰显出强烈的设计美感。装饰价值逐步超越了实用价值，床头柜不再成双成对地守护在床的两侧。设计美感可以掩盖形式上的不足，就算只选择一个床头柜，也不必担心会产生单调感。

床头和床头柜组合 1

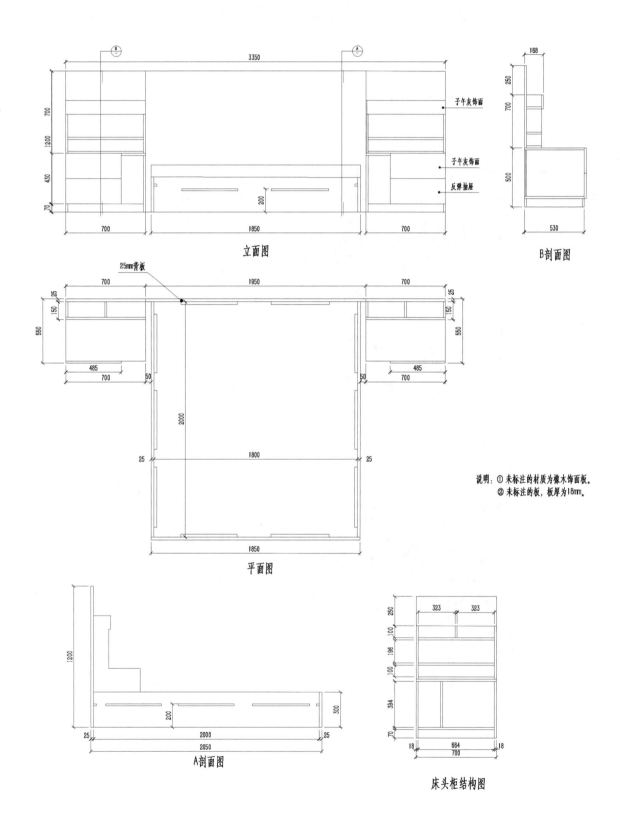

子午灰饰面

子午灰饰面

反弹抽屉

立面图

B剖面图

25mm背板

平面图

说明：① 未标注的材质为橡木饰面板。
　　　② 未标注的板，板厚为18mm。

A剖面图

床头柜结构图

床头和床头柜组合 2

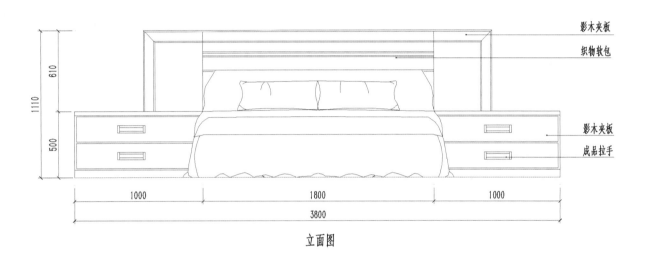

影木夹板

织物软包

影木夹板

成品拉手

1110
610
500

1000   1800   1000

3800

立面图

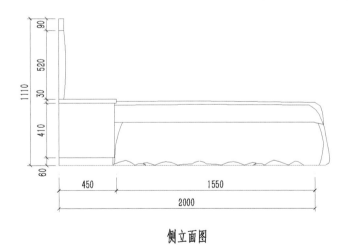

90
520
30
410
60

1110

450   1550

2000

侧立面图

床头和床头柜组合 3

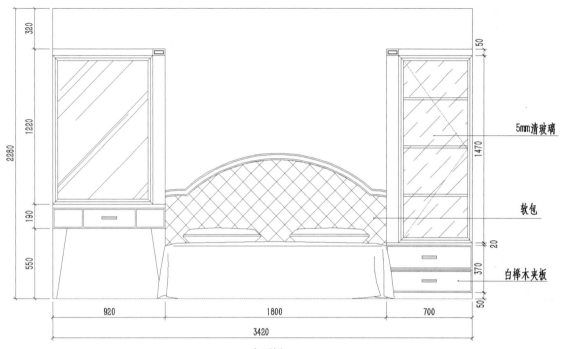

5mm清玻璃

软包

白榉木夹板

立面图

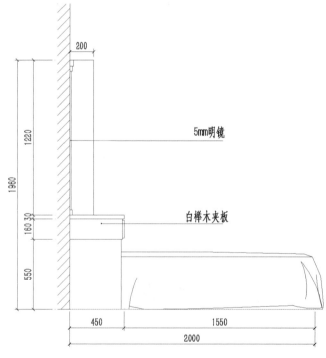

5mm明镜

白榉木夹板

侧立面图

床头和床头柜组合 4

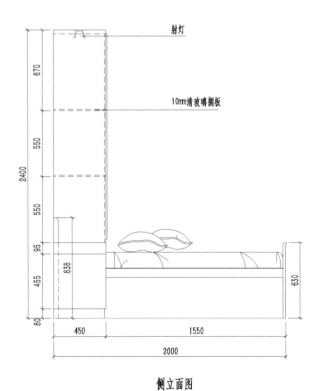

射灯

5mm清玻璃

床头灯

黑色防火板

实木床
白色防火板
黑色防火板

2400
1770
100
450
80

598 100 1800 100 598

3196

立面图

射灯

10mm清玻璃搁板

670
550
2400
550
95
455
80

838

450 1550

2000

侧立面图

床头和床头柜组合 5

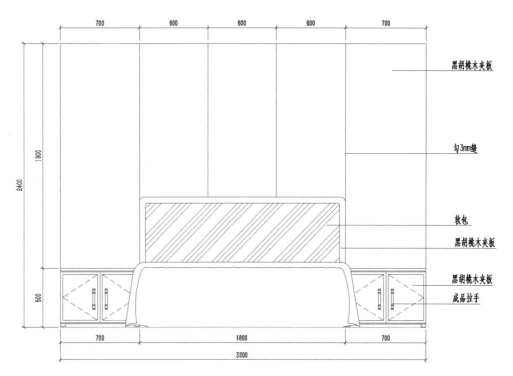

黑胡桃木夹板

勾3mm缝

软包
黑胡桃木夹板

黑胡桃木夹板
成品拉手

立面图

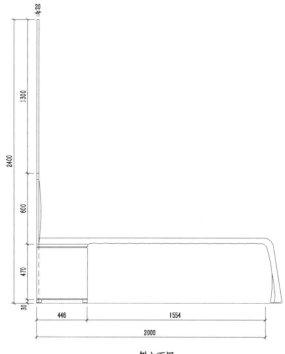

侧立面图

床头和床头柜组合 6

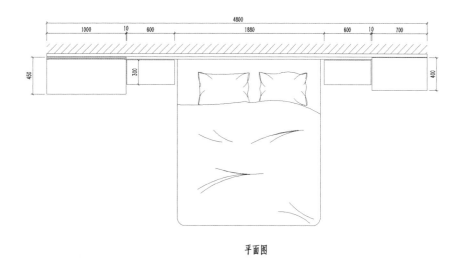

A剖面图

立面图

平面图

勾5mm缝

壁灯

白橡木夹板
白橡木夹板
白橡木夹板

5mm明镜

白橡木夹板

不锈钢脚

床头和床头柜组合 7

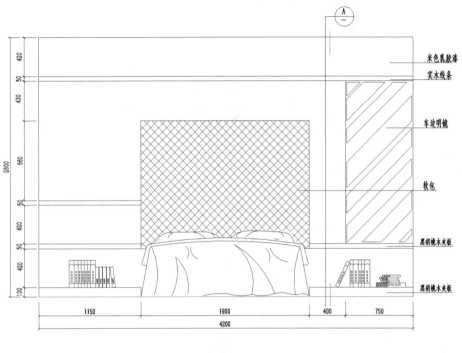

米色乳胶漆
实木线条
车边明镜
软包
黑胡桃木夹板
黑胡桃木夹板

立面图

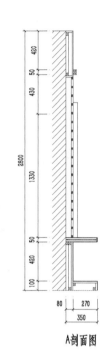

A剖面图

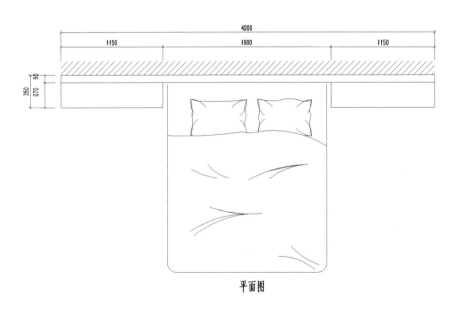

平面图

床头和床头柜组合 8

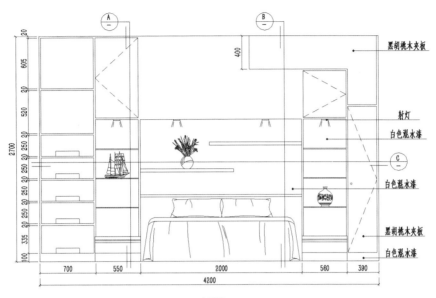

立面图

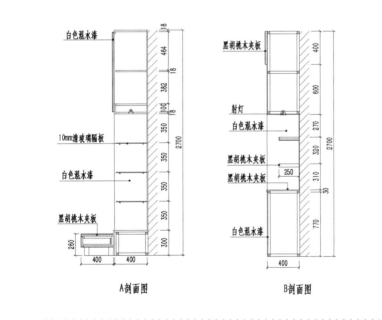

A剖面图

B剖面图

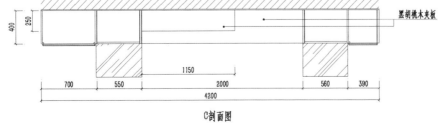

C剖面图

床头和床头柜组合 9

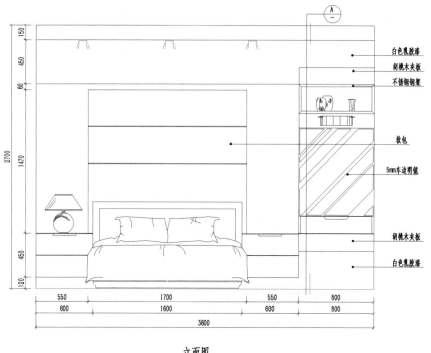

白色乳胶漆
胡桃木夹板
不锈钢钢架

软包

5mm车边明镜

胡桃木夹板

白色乳胶漆

立面图

射灯

12mm磨砂玻璃

A剖面图

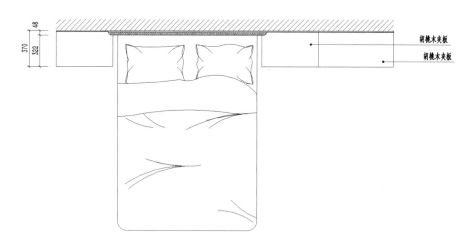

胡桃木夹板
胡桃木夹板

平面图

第15章 梳 妆 柜

在现代家居中，梳妆柜已经被业主、家居设计师作为一种家居元素广泛应用，它的实际用途是化妆，现代梳妆柜设计也赋予其极大的装饰作用，漂亮的梳妆柜本身就能让人倍感愉悦。

梳妆柜尺寸的标准是总高度为1500mm左右，宽度为700 ～ 1200mm，这样的梳妆柜尺寸正合适。在进行装修之前的前期准备阶段，就应该确定好梳妆柜的尺寸，同时梳妆柜的风格也要和房间的风格统一。

梳妆柜1

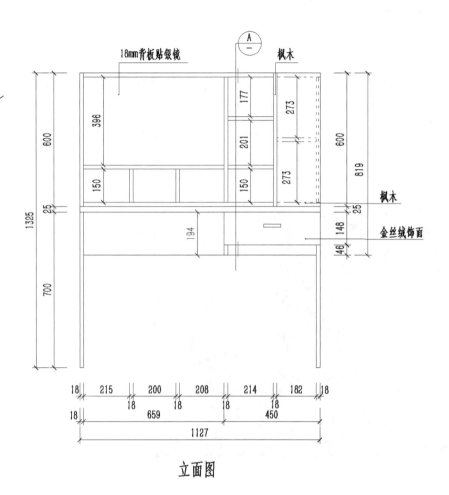

立面图

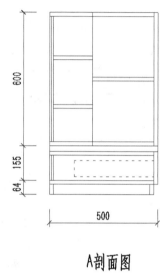

A剖面图

平面图

梳 妆 柜 2

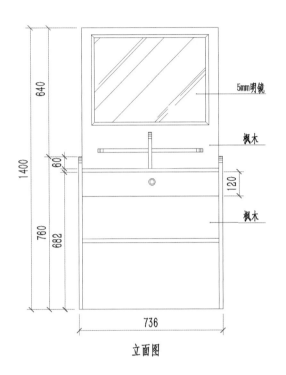

5mm明镜

枫木

枫木

640
1400
60
120
760
682
736

立面图

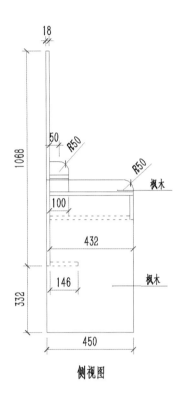

18
50 R50
1068
R50
枫木
100
432
枫木
146
332
450

侧视图

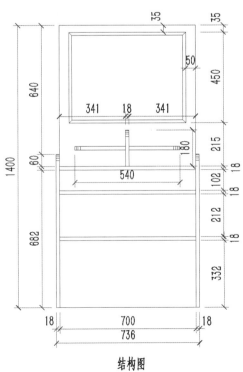

35   35
50
640   450
341 18 341
215
60   180
540   102 18
1400
212
682   18
332
18   700   18
736

结构图

梳 妆 柜 3

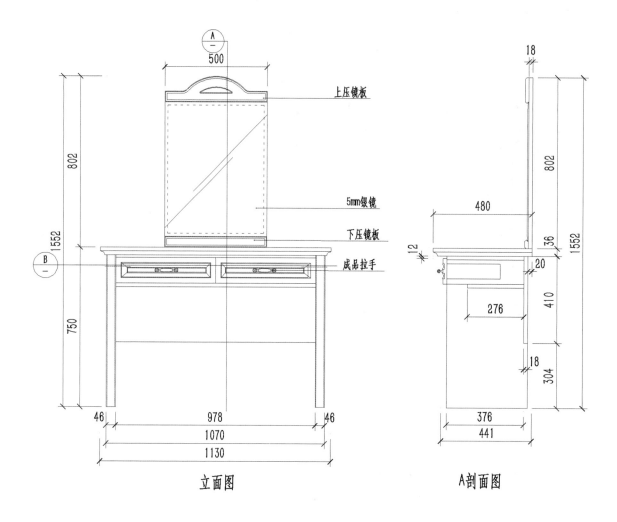

上压镜板

5mm银镜

下压镜板

成品拉手

立面图

A剖面图

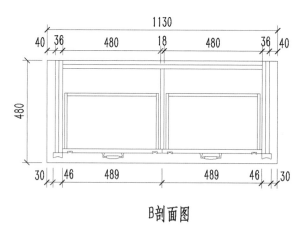

B剖面图

梳妆柜4

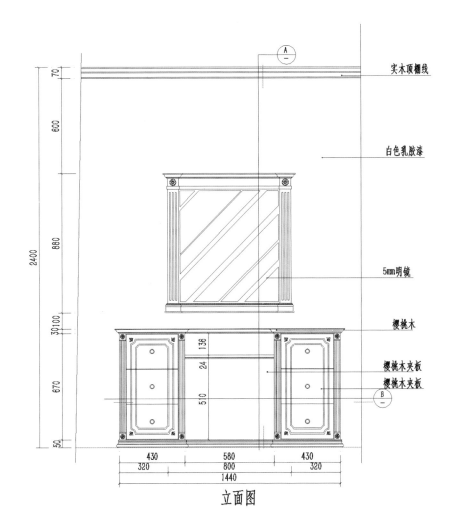

立面图

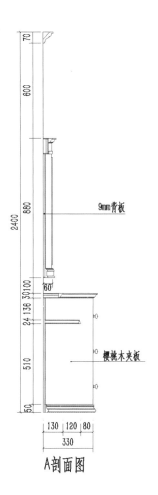

A剖面图

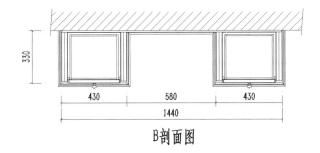

B剖面图

实木顶棚线

白色乳胶漆

5mm明镜

樱桃木

樱桃木夹板
樱桃木夹板

9mm背板

樱桃木夹板

梳妆柜5

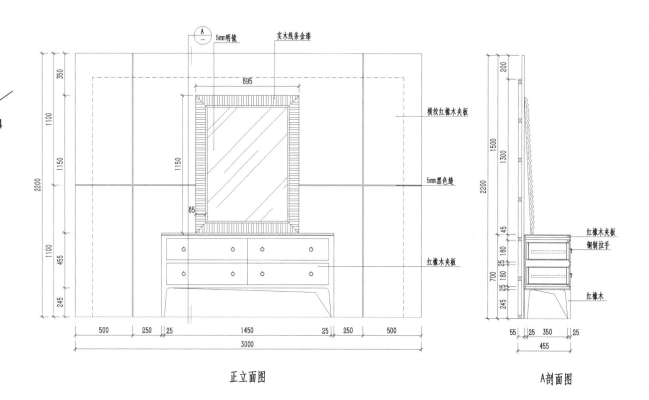

5mm明镜
实木线条金漆
横纹红橡木夹板
5mm黑色缝
红橡木夹板
红橡木夹板
铜制拉手
红橡木

正立面图

A剖面图

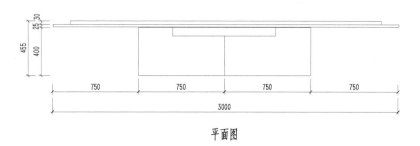

平面图

第16章 衣　　柜

衣柜是收纳存放衣物的柜具，通常以不锈钢、实木（木香板、实木颗粒板、中纤板）、钢化玻璃、五金配件为材料，以柜体、门板、静音轮、门帘为组件，内置挂衣杆、裤架、拉篮、消毒灯具等配件，采用冲孔、装配、压铆、焊接等工艺，具有阻燃、防鼠、无缝防蟑螂、防尘、防蛀、防潮、洁净美观、移动方便等作用。衣柜分为大容量智能消毒衣柜、不锈钢衣柜、紫外线消毒保洁衣柜、防潮多功能衣柜、男女更衣柜、干燥防蟑螂衣柜、折叠衣柜、简易衣柜等。常见的衣柜分为平开门衣柜、柜内与柜外推拉门衣柜等。

一般衣柜柜体采用18mm的材料来制作（刨花板、密度板、实木板、复合多层板、指接板）；移门采用9mm的木质材料（UV板、双饰面板、波浪板、百叶板、彩绘板）或5mm的玻璃制作，平开门则采用16mm或18mm的材料制作。

衣 柜 1

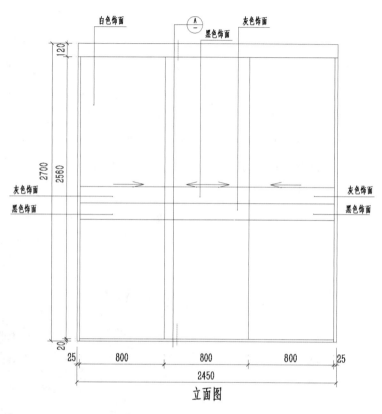

白色饰面
黑色饰面
灰色饰面
灰色饰面
黑色饰面
灰色饰面
黑色饰面

120
2700
2560
20
25 800 800 800 25
2450

立面图

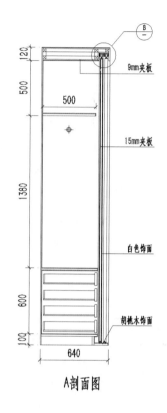

9mm夹板
15mm夹板
白色饰面
胡桃木饰面

120
500
1380
600
100
500
640

A剖面图

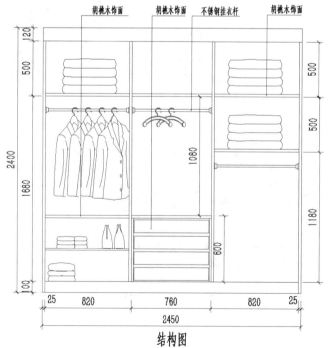

胡桃木饰面 胡桃木饰面 不锈钢挂衣杆 胡桃木饰面

120
500
2400
1680
1080
500
500
1180
600
100
25 820 760 820 25
2450

结构图

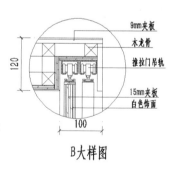

9mm夹板
木龙骨
推拉门吊轨
15mm夹板
白色饰面

120
100

B大样图

衣 柜 2

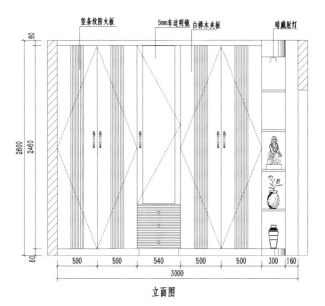

竖条纹防火板　　5mm车边明镜　白榉木夹板　　暗藏射灯

60
2600
2460
60

500　500　540　500　500　300　160
3000

立面图

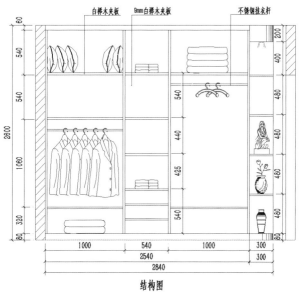

白榉木夹板　9mm白榉木夹板　　不锈钢挂衣杆

60
540
540
2600
1060
320
60

200
400
480
480
480
480

1000　540　1000　300
2540　　　300
2840

结构图

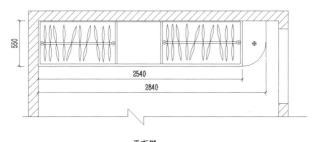

550

2540
2840

平面图

衣柜 3

白桦木夹板　　　白桦木夹板

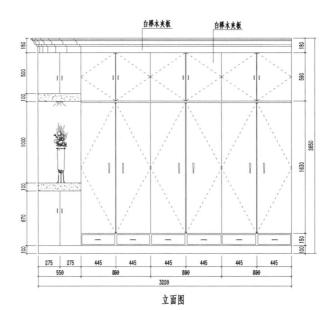

立面图

白桦木夹板　　9mm白桦木夹板　　不锈钢挂杆

结构图

平面图

衣柜4

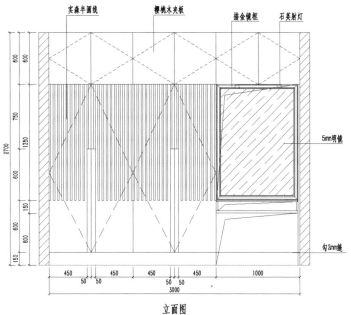

实森半圆线　　樱桃木夹板　　描金镜框　　石英射灯

600
600
750
1350
2700
600
150
600
150

5mm明镜

勾2mm缝

450　50 50　450　450　50 50　450　1000
3000

立面图

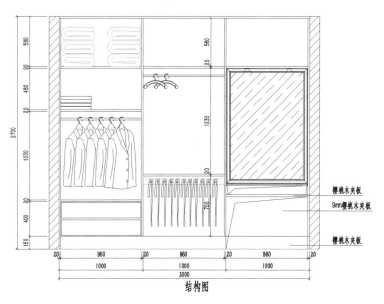

580
20
480
20
2700
1030
20
400
150

560
20
1230
20
700

樱桃木夹板

9mm樱桃木夹板

樱桃木夹板

20　960　20　980　20　980　20
1000　1000　1000
3000

结构图

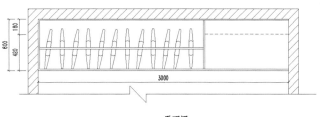

180
600
420

3000

平面图

衣柜5

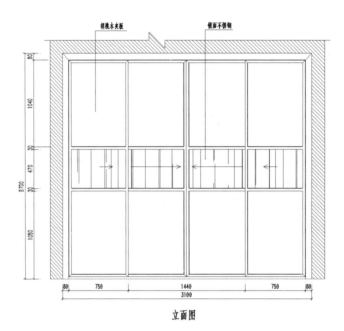

立面图

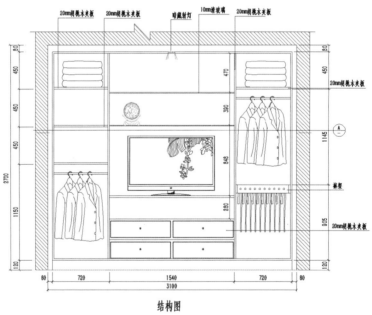

结构图

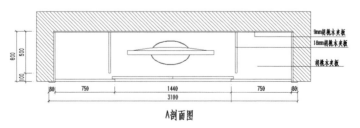

A剖面图

衣 柜 6

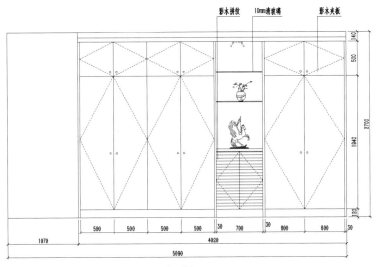

影木拼纹　10mm清玻璃　影木夹板

立面图

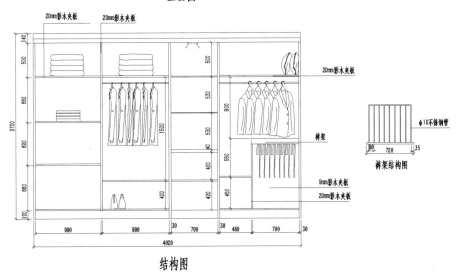

20mm影木夹板　20mm影木夹板

20mm影木夹板

裤架

9mm影木夹板
20mm影木夹板

φ10不锈钢管

裤架结构图

结构图

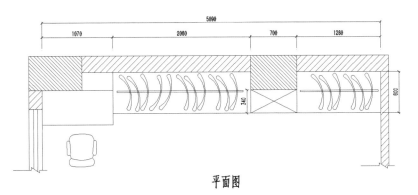

平面图

衣柜 7

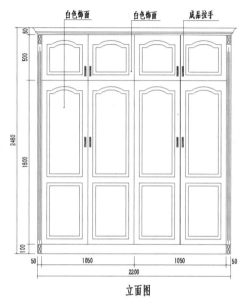

白色饰面　白色饰面　成品拉手

立面图

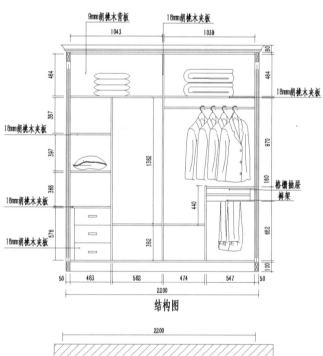

9mm胡桃木背板　18mm胡桃木夹板

18mm胡桃木夹板

18mm胡桃木夹板

18mm胡桃木夹板

18mm胡桃木夹板

格栅抽屉
裤架

结构图

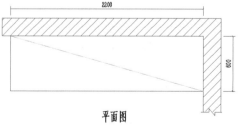

平面图

衣柜 8

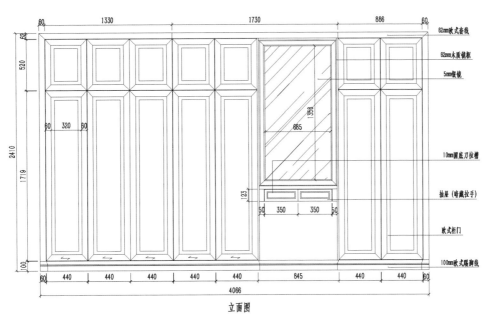

立面图

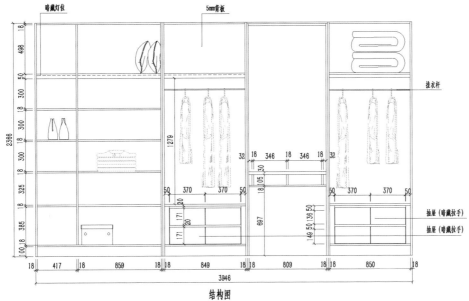

结构图

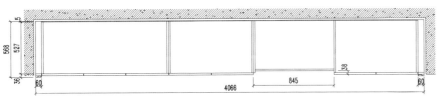

平面图

衣柜 9

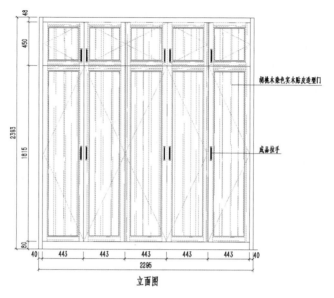

立面图

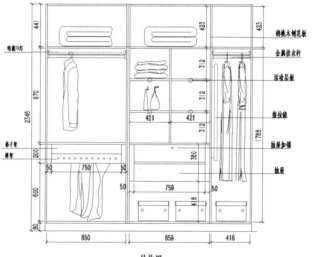

结构图

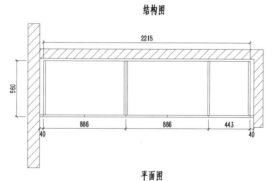

平面图

说明：① 竖板板厚为18mm，层板板厚为18mm，封板板厚为20mm，背板板厚为9mm。
　　　② 图中带圈的板为活动层板。

衣 柜 10

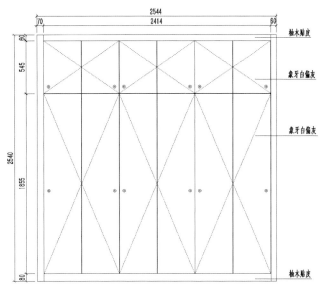

剖面图

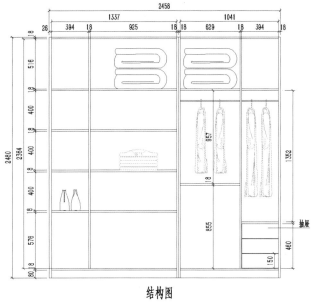

结构图

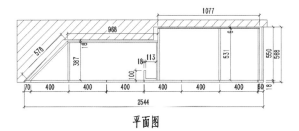

平面图

衣 柜 11

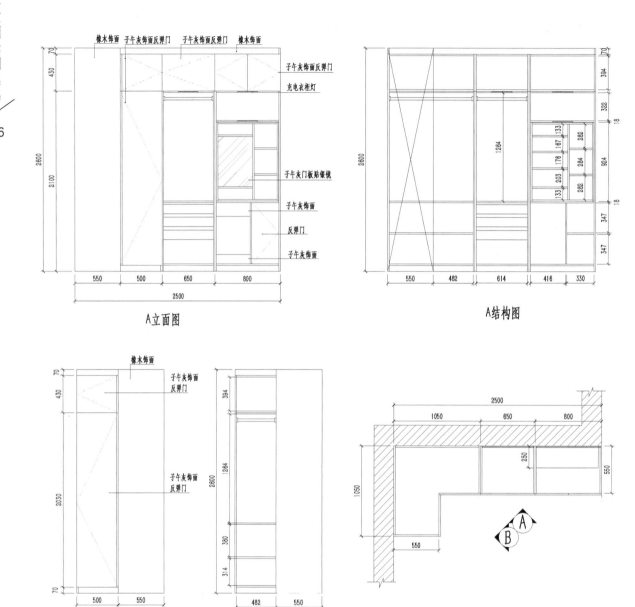

A立面图

A结构图

B立面图

B结构图

平面图

衣柜 12

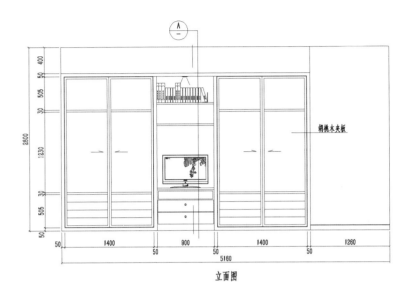

立面图

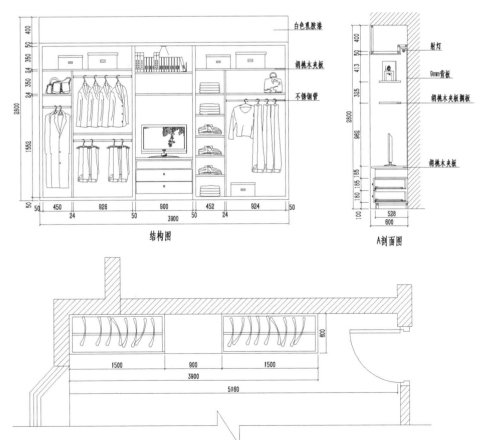

结构图

A剖面图

平面图

衣 柜 13

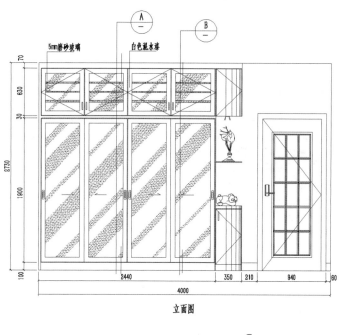

5mm磨砂玻璃　白色混水漆

立面图

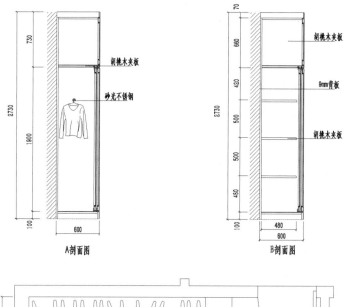

胡桃木夹板

砂光不锈钢

A剖面图

胡桃木夹板

9mm背板

胡桃木夹板

B剖面图

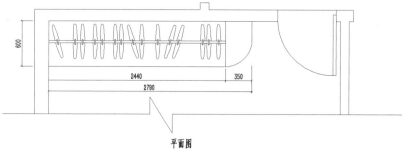

平面图

第17章 衣帽间

　　衣帽间是指在居所中供家庭成员储存衣帽、更衣和梳妆的专用空间。衣帽间主要分为开放式、独立式、嵌入式3种。随着人们生活质量的不断提高，大多数人都拥有几十件甚至上百件衣服，这些款式、质地不同的服装越来越多，促使人们开始对其进行分类收纳，因此衣帽间也逐渐成为每个家庭中不可或缺的一部分。

　　通常而言，合理的储衣安排和宽敞的更衣空间是衣帽间的总体设计原则，所以衣帽间可以由家具商全套配置，也可以进行个人定制。

　　许多人认为衣帽间仅仅存在于大空间中，其实不然。在现代家居设计中，由于房型结构所限，经常有凹入或突出的部分，或者是三角区域等不规则的区域，不太好充分利用，这时可以根据业主的情况规划出一个随形就势的衣帽间，使其成为家居设计中的亮点。家庭中的衣帽间在给人的生活带来许多便捷的同时，还会给在衣帽间中更衣的人带来愉悦的心情。

衣帽间1

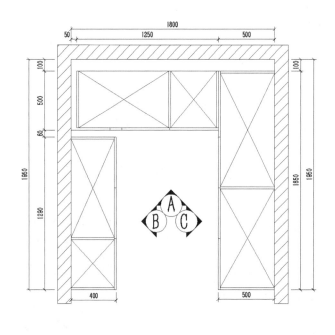

平面图

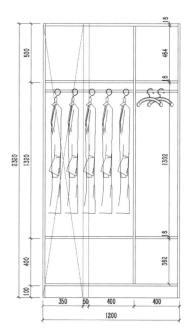

A结构图

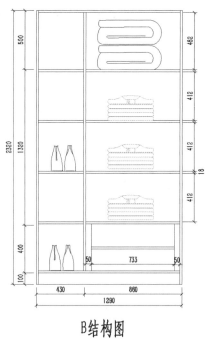

B结构图

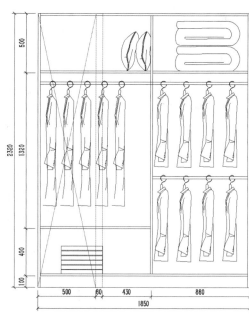

C结构图

衣帽间2

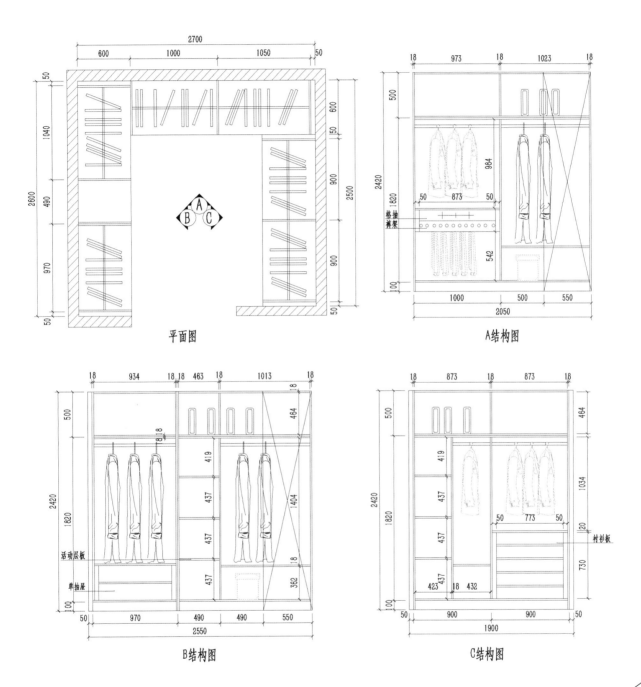

平面图

A结构图

B结构图

C结构图

衣帽间3

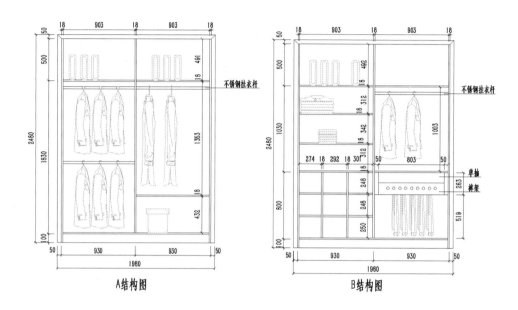

A结构图

B结构图

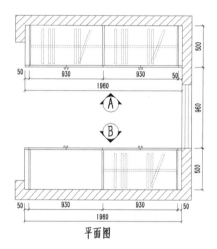

平面图

衣帽间4

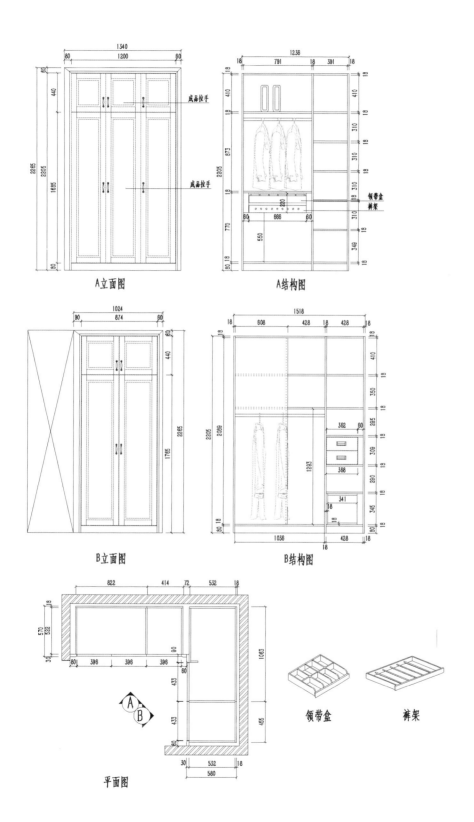

A立面图

A结构图

成品拉手

成品拉手

领带盒
裤架

B立面图

B结构图

平面图

领带盒

裤架

衣帽间5

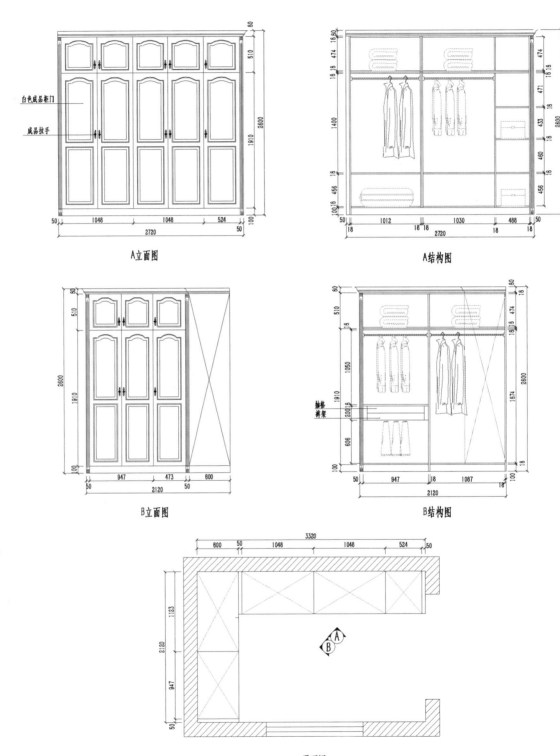

白色成品柜门

成品拉手

A立面图

A结构图

B立面图

B结构图

抽格
裤架

平面图

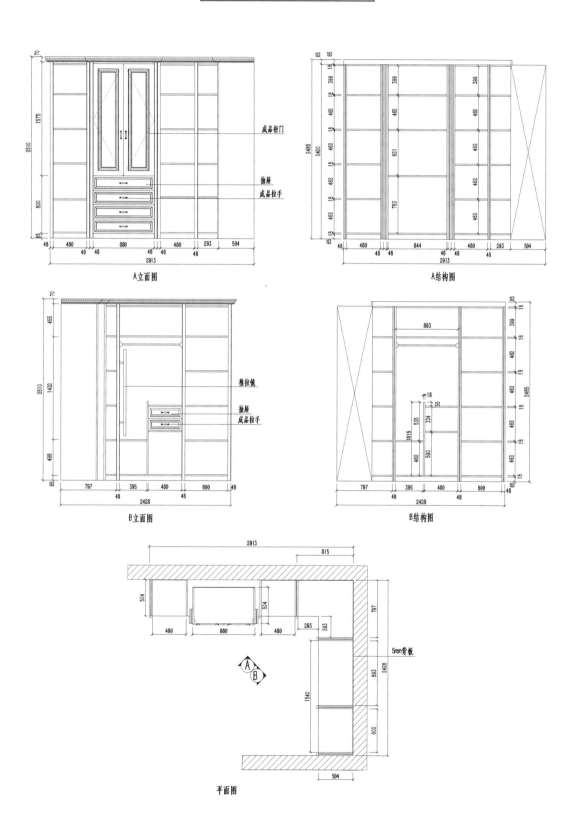

A立面图

A结构图

B立面图

B结构图

平面图

成品柜门

抽屉
成品拉手

推拉镜

抽屉
成品拉手

5mm背板

衣帽间 7

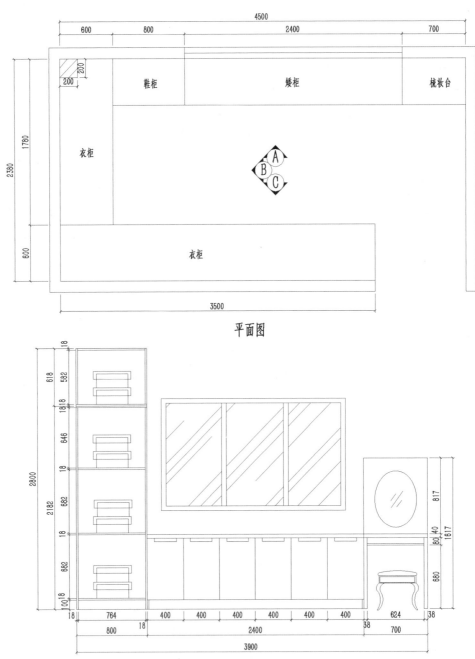

平面图

A立面图

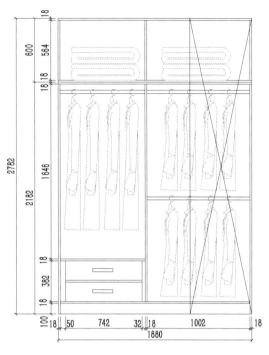

B立面图

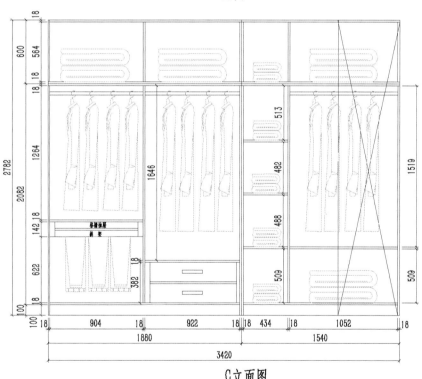

C立面图

衣 帽 间 8

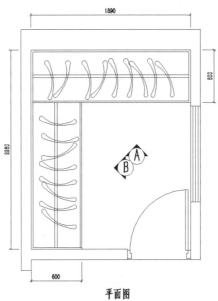

平面图

胡桃木夹板

9mm背板

砂光不锈钢拉手

胡桃木夹板

A立面图

胡桃木夹板

9mm背板

胡桃木夹板

不锈钢

9mm夹板

B立面图

第18章 榻榻米

　　榻榻米的使用范围较广泛，不但可以作为装饰房间的一种特殊风格的铺地材料，还可以按照主人的生活习惯作为健康床垫使用，同时它还是练习柔道、击剑等体育项目的最佳道具。

　　榻榻米平坦光滑、透气性好、散发自然清香。榻榻米可在最小的范围内展示最大的空间。

榻 榻 米 1

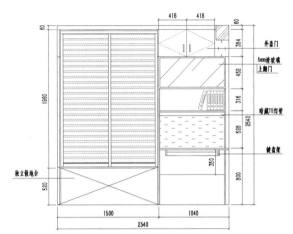

衣柜、书柜立面图

衣柜、书柜结构图

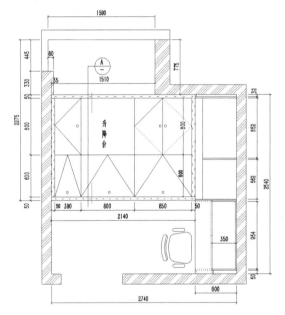

平面图

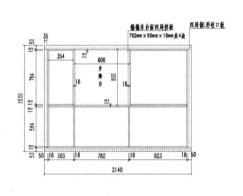

榻榻米结构图

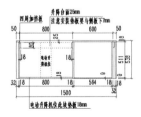

A剖面图

说明：①衣柜柜体为18mm金花梨实木颗粒板。
②衣柜背板为9mm金花梨实木颗粒板。
③书柜柜体为18mm香槲白实木颗粒板。
④书柜背板为9mm香槲白实木颗粒板。

榻榻米 2

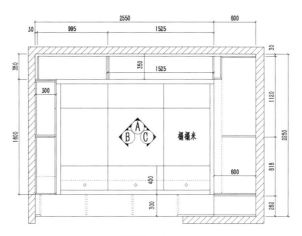

平面图

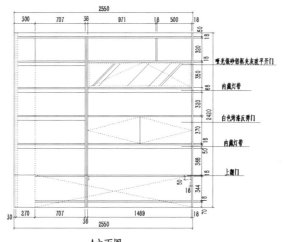

哑光银砂铝框夹灰玻平开门

内藏灯带

白色烤漆反弹门

内藏灯带

上翻门

A立面图

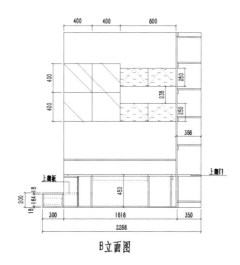

上翻板

上翻门

B立面图

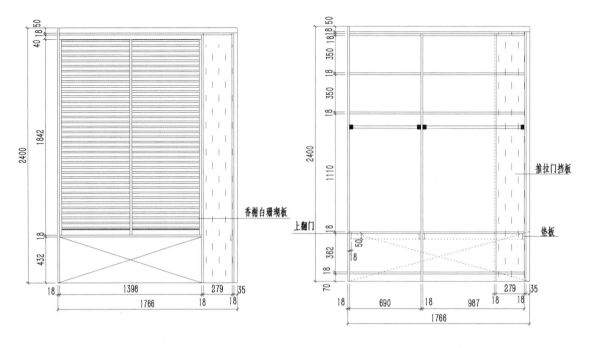

C立面图　　　　　　　　　　C立面结构图

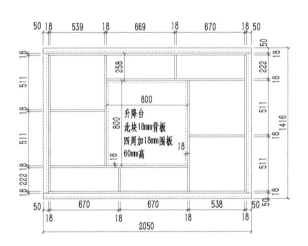

榻榻米平面图

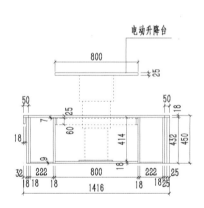

榻榻米侧立面图

榻 榻 米 3

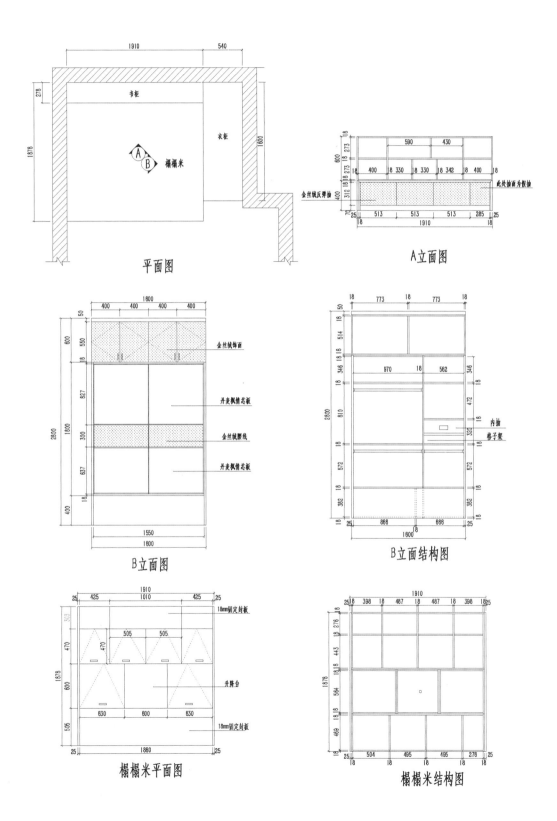

平面图

A立面图

B立面图

B立面结构图

榻榻米平面图

榻榻米结构图

榻榻米 4

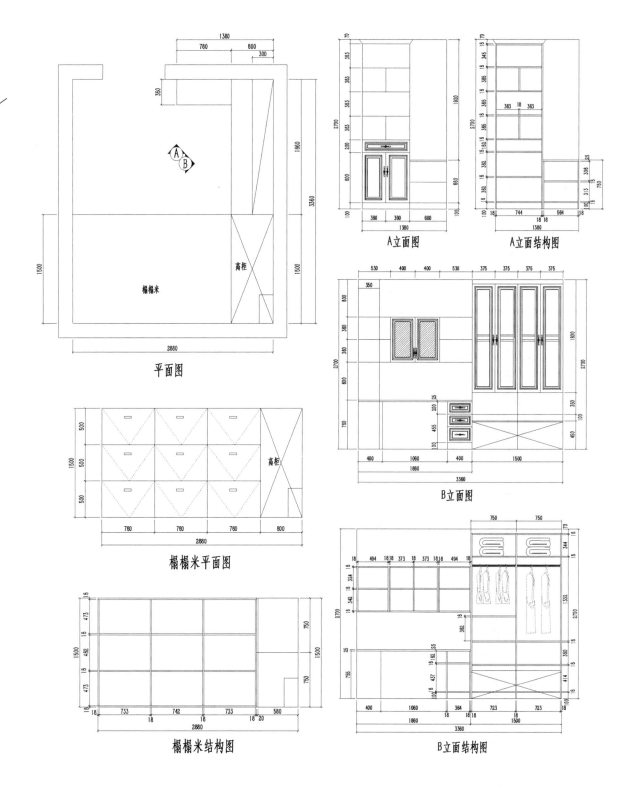

平面图

榻榻米平面图

榻榻米结构图

A立面图

A立面结构图

B立面图

B立面结构图

榻 榻 米 5

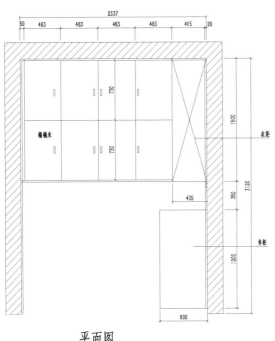

平面图

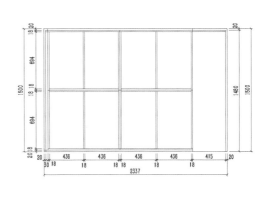

榻榻米结构图

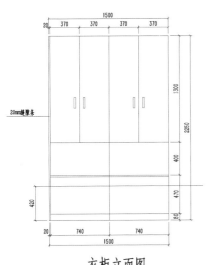

衣柜立面图

衣柜结构图

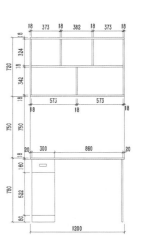

书柜立面图

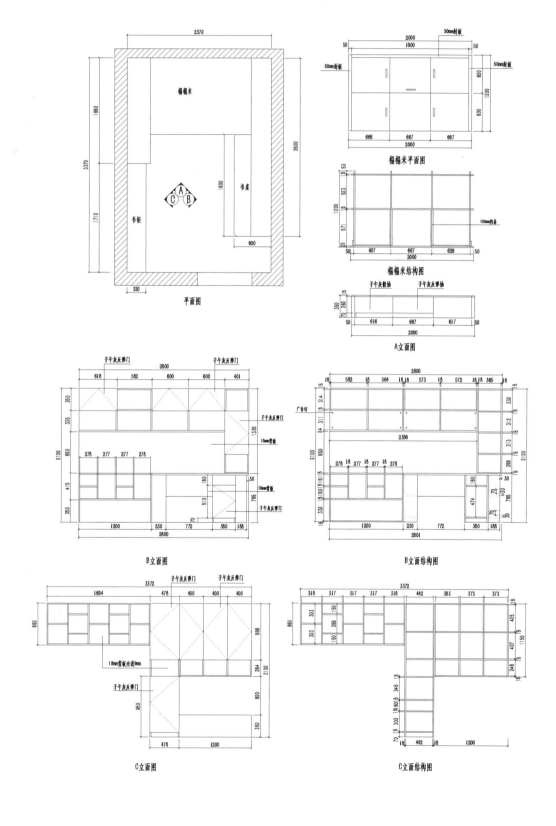

平面图

榻榻米平面图

榻榻米结构图

A立面图

B立面图

B立面结构图

C立面图

C立面结构图

榻榻米 7

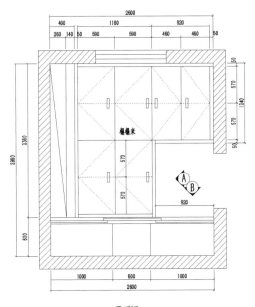

平面图

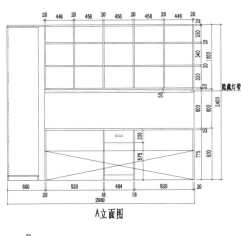

A立面图

榻榻米结构图

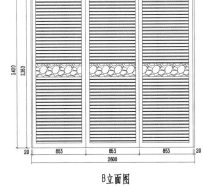

B立面图

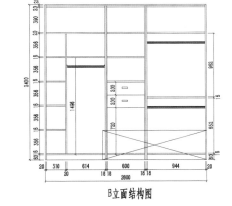

B立面结构图

榻榻米 8

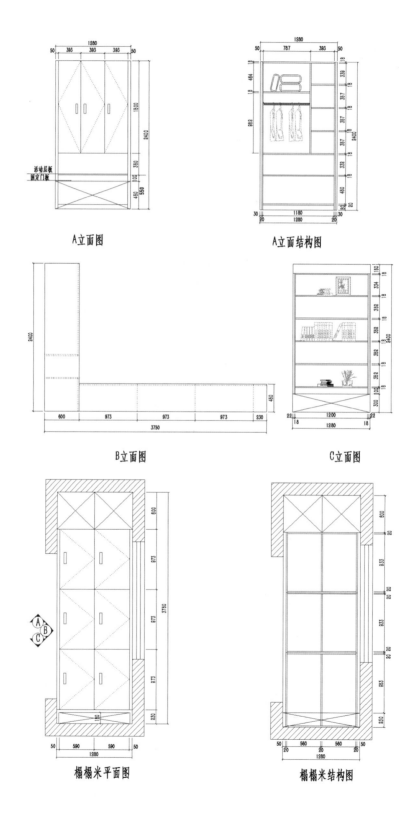

A立面图

A立面结构图

B立面图

C立面图

榻榻米平面图

榻榻米结构图

榻 榻 米 9

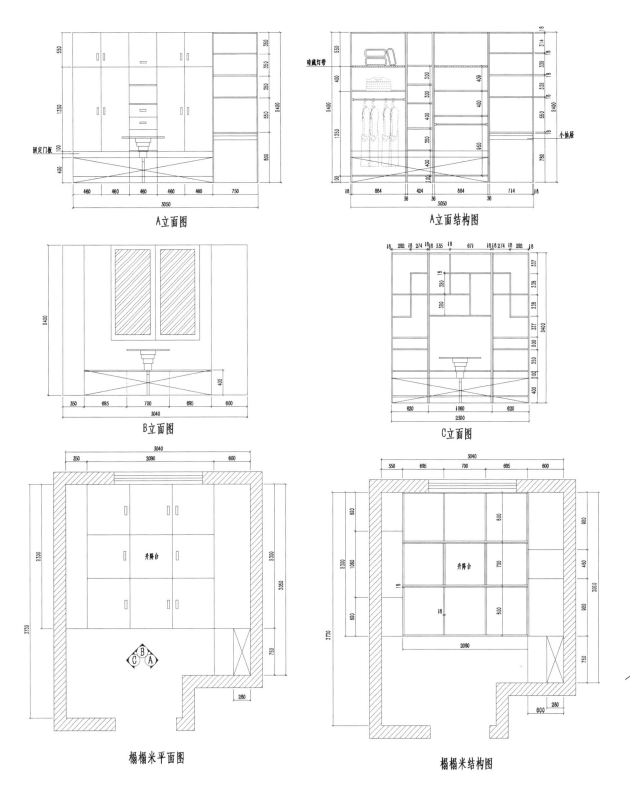

A立面图

A立面结构图

B立面图

C立面图

榻榻米平面图

榻榻米结构图

榻 榻 米 10

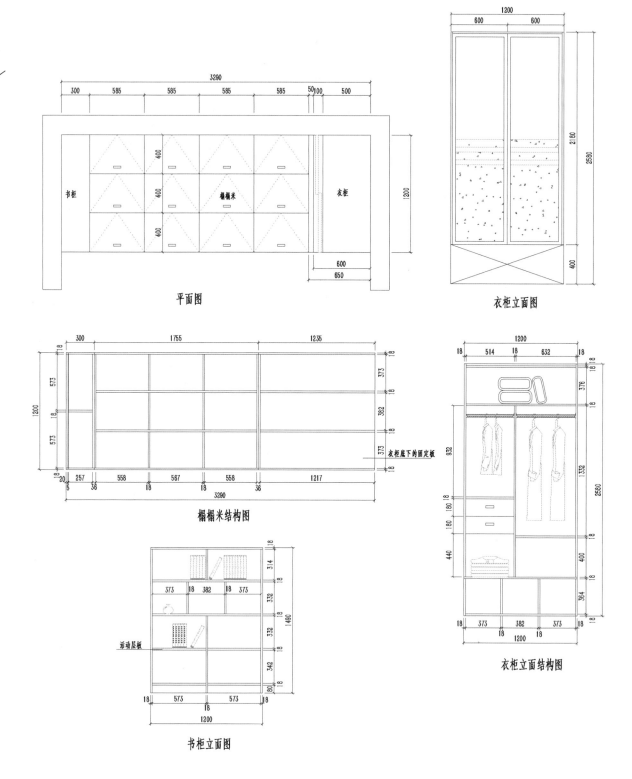

平面图

衣柜立面图

榻榻米结构图

书柜立面图

衣柜立面结构图

第19章 书　柜

　　书柜是专门用来存放书籍、报纸、杂志等物品的柜子。书柜是文化、文明的象征，也是人们渴望知识的表现。

　　不同的书柜，风格迥异。家用书柜风格有很多，有美式、欧式、韩式、法式、地中海式等，各种风格的家用书柜尺寸大小不一。至于选择什么样的书柜，书柜尺寸多大等就因人而异了。家用书柜尺寸多根据自己的喜好和书房面积来设置。选购原则要根据个人的喜好、房间的大小、空间的布局等来综合考虑。

　　书柜的尺寸是一个内容宽泛的概念，它没有一个统一的标准尺寸。书柜的尺寸不仅包括书柜的宽度和高度这些书柜外部尺寸，还包括书柜内部尺寸，也就是人们常说的书柜深度尺寸、隔板高度尺寸（书架层与层之间的高度尺寸）、抽屉的高度尺寸等。所以在定制书柜或者购买书柜的时候，一定要全方位考虑书柜尺寸的大小，这样定制回来或者购买回来的书柜才能方便地放置到书房中。

书 柜 1

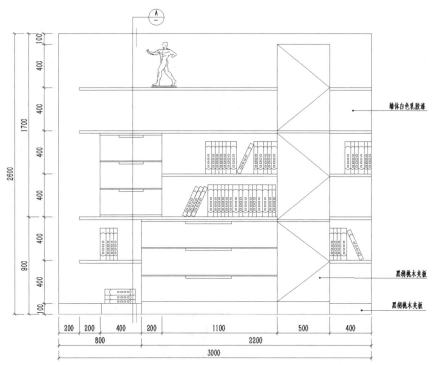

墙体白色乳胶漆

黑胡桃木夹板

黑胡桃木夹板

立面图

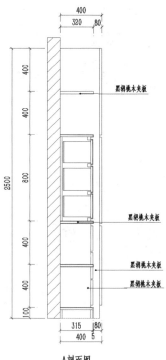

黑胡桃木夹板

黑胡桃木夹板

黑胡桃木夹板

黑胡桃木夹板

A剖面图

书 柜 2

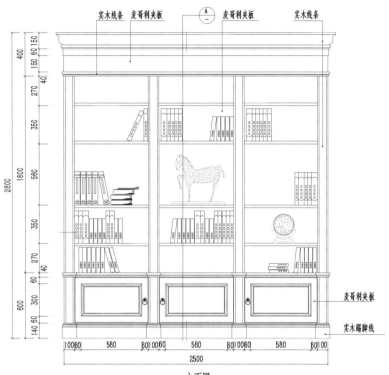

实木线条　　麦哥利夹板　　　　麦哥利夹板　　　　实木线条

立面图

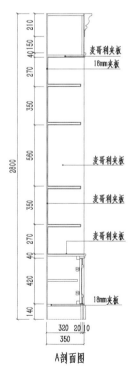

麦哥利夹板
18mm夹板

麦哥利夹板

麦哥利夹板

麦哥利夹板

18mm夹板

A剖面图

麦哥利夹板

实木踢脚线

书 柜 3

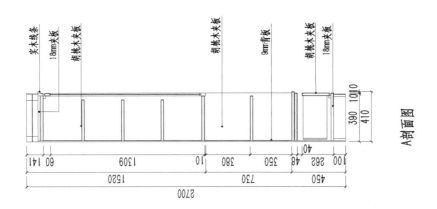

A剖面图

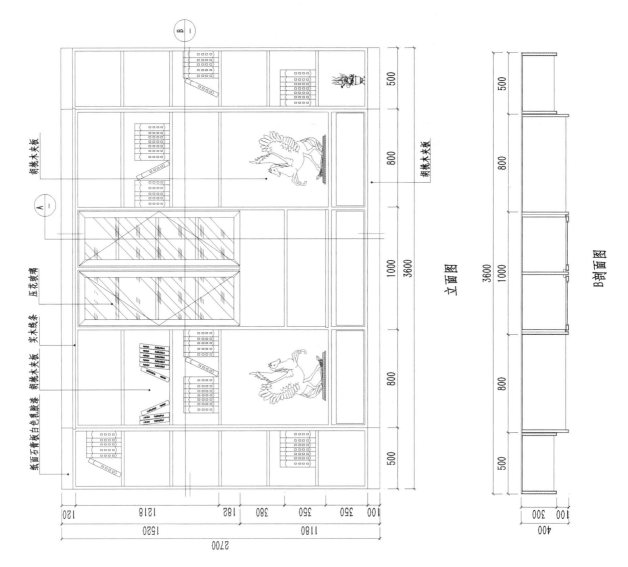

立面图

B剖面图

书 柜 4

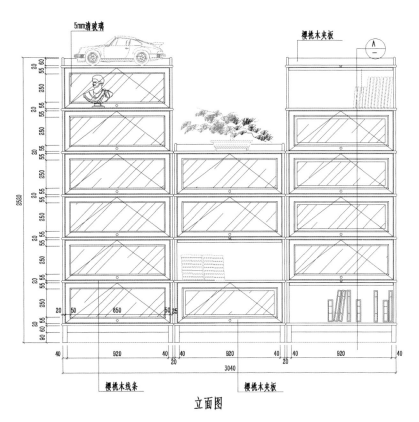

立面图

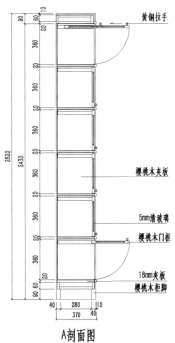

A剖面图

书 柜 5

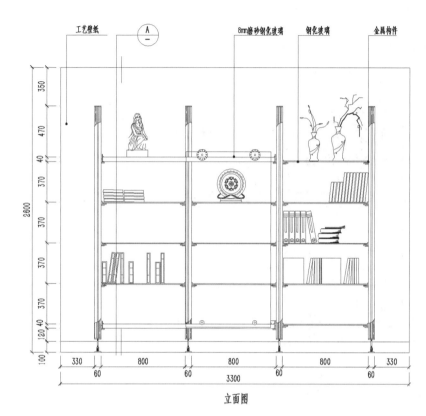

工艺壁纸　　A　　8mm磨砂钢化玻璃　钢化玻璃　金属构件

350
470
40
370
370
370
370
120 40
100
2600

330　60　800　60　800　60　800　60　330
3300

立面图

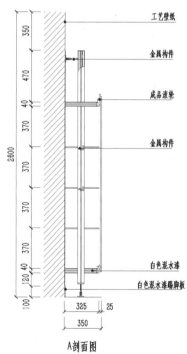

工艺壁纸

金属构件

成品滚轮

金属构件

白色混水漆

白色混水漆踢脚板

350
470
40
370
370
370
370
120 40
100
2600

325　25
350

A剖面图

书 柜 6

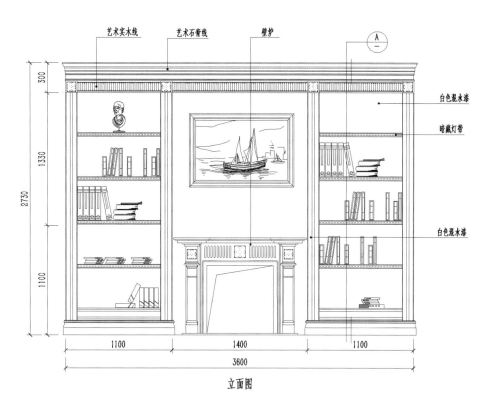

艺术实木线　艺术石膏线　壁炉

白色混水漆

暗藏灯带

白色混水漆

300
1330
2730
1100

1100　　1400　　1100

3600

立面图

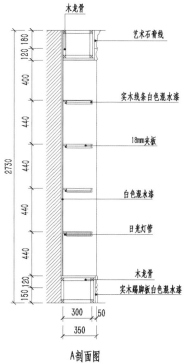

木龙骨

艺术石膏线

实木线条白色混水漆

18mm夹板

白色混水漆

日光灯管

木龙骨
实木踢脚板白色混水漆

120 180
400
440
440
440
440
150 20
2730

300　50
350

A剖面图

书 柜 7

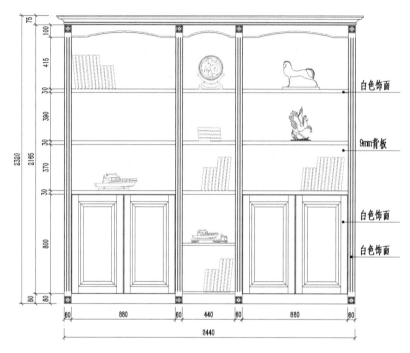

白色饰面

9mm背板

白色饰面

白色饰面

A 立面图

B 立面图

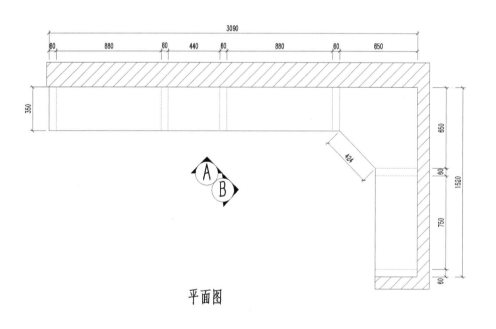

平面图

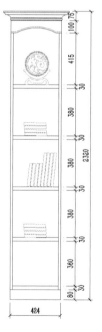

转角柜立面图

书 柜 8

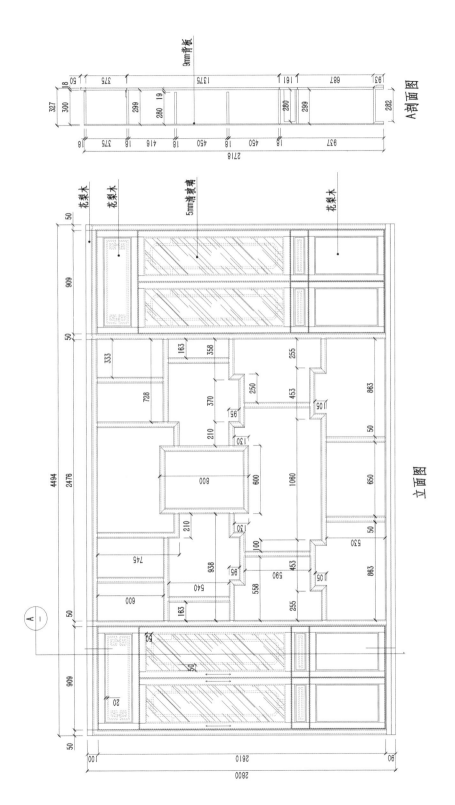

A剖面图

9mm背板

花梨木
花梨木
5mm清玻璃
花梨木

立面图

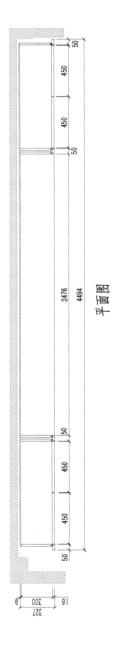

平面图

书柜 9

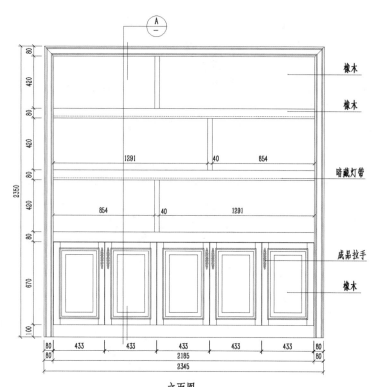

橡木

橡木

暗藏灯带

成品拉手

橡木

1291 40 854

854 40 1291

80 433 433 433 433 433 80
80 80
2185
2345
2350
420 80 420 80 420 80 670 100

立面图

橡木

12mm背板

480 500 500 80 316 20 314 100 20
80
278
2350

290 18 20
370

A剖面图

第 20 章　书柜和书桌组合

现在很多家具为了节约空间都会以组合的形式出现，最典型的就是书柜和书桌的组合。两者的组合除了能够将美观性与实用性相结合外，还能够节省不少空间。

选择书房家具的时候人们总是更倾向于书柜和书桌的组合，书柜和书桌组合因为是一整套设计，用户选择的时候更为方便。

书柜和书桌组合在设计或选购时，要重点关注以下两个问题。

（1）一定要注意尺寸大小的正确选择，因为城市中房间的大小一般都是有限的，必须保证书柜和书桌组合的尺寸与房间的尺寸匹配。

（2）要考虑书柜和书桌组合的风格与主人匹配，不同设计的书柜和书桌组合所体现出的风格是不同的，但最令人心仪的书柜和书桌组合一定是与主人的气质匹配的。

书柜和书桌组合 1

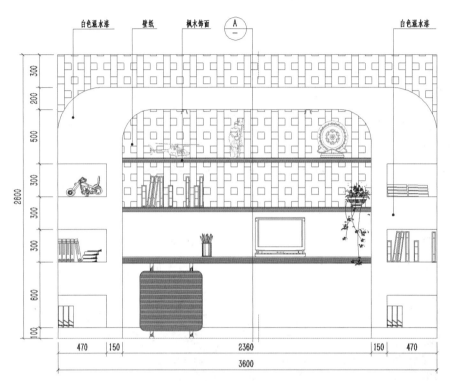

白色混水漆　　壁纸　　枫木饰面　　$\boxed{\dfrac{A}{-}}$　　白色混水漆

立面图

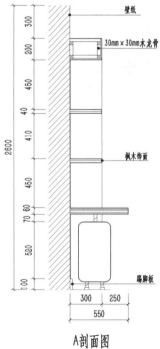

壁纸

30mm×30mm木龙骨

枫木饰面

踢脚板

A剖面图

书柜和书桌组合 2

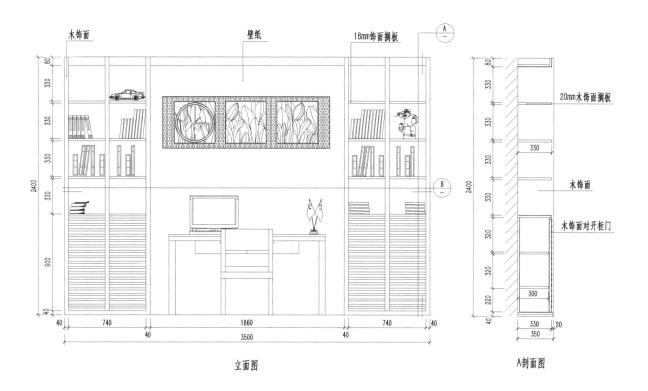

木饰面　　　　壁纸　　　　18mm饰面搁板

20mm木饰面搁板

木饰面

木饰面对开柜门

立面图

A剖面图

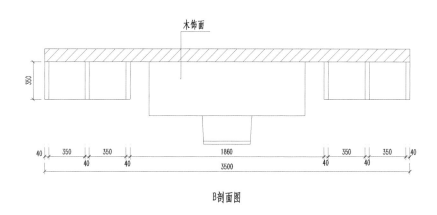

木饰面

B剖面图

书柜和书桌组合 3

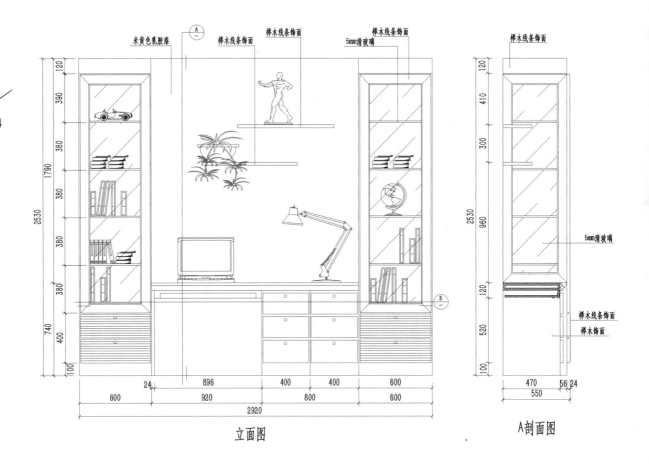

米黄色乳胶漆　　榉木线条饰面　　榉木线条饰面　　5mm清玻璃　　榉木线条饰面　　榉木线条饰面

5mm清玻璃

榉木线条饰面
榉木饰面

立面图　　　　　　　　　　　A剖面图

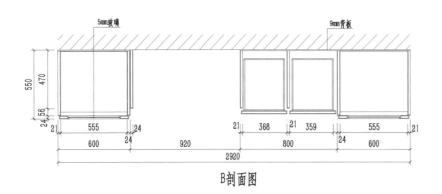

5mm玻璃　　　　　　　9mm背板

B剖面图

书柜和书桌组合 4

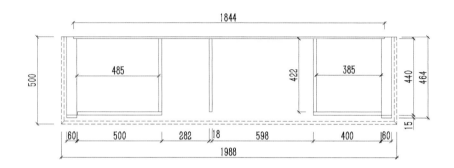

说明：颜色为象牙白。

B剖面图

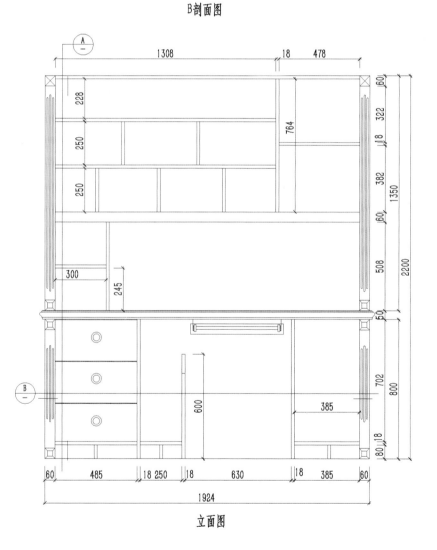

立面图

A剖面图

书柜和书桌组合 5

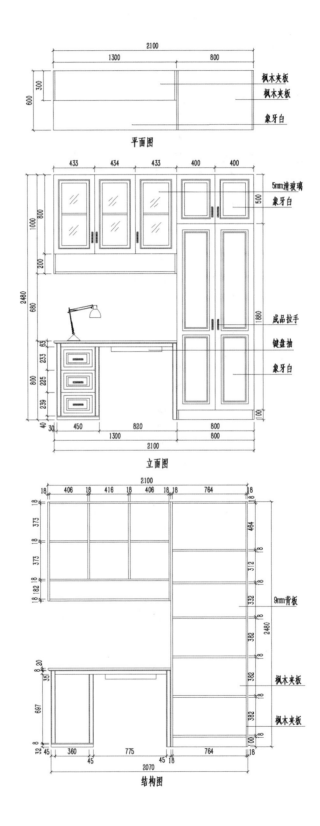

平面图

枫木夹板
枫木夹板
象牙白

立面图

5mm清玻璃
象牙白
成品拉手
键盘抽
象牙白

结构图

9mm背板
枫木夹板
枫木夹板

书柜和书桌组合 6

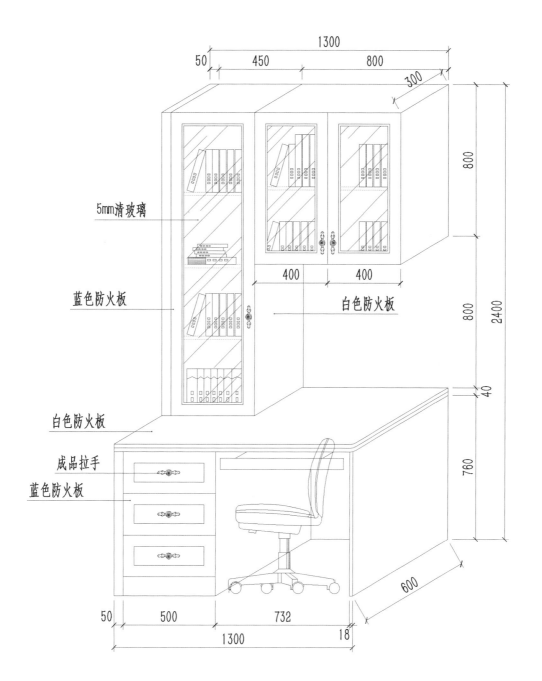

5mm清玻璃

蓝色防火板

白色防火板

白色防火板

成品拉手

蓝色防火板

书柜和书桌组合 7

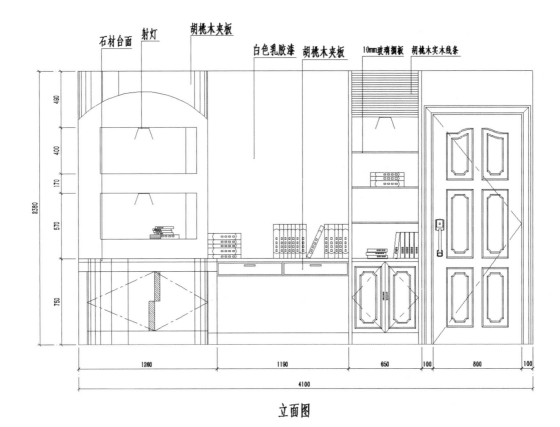

石材台面　射灯　胡桃木夹板　白色乳胶漆　胡桃木夹板　10mm玻璃搁板　胡桃木实木线条

立面图

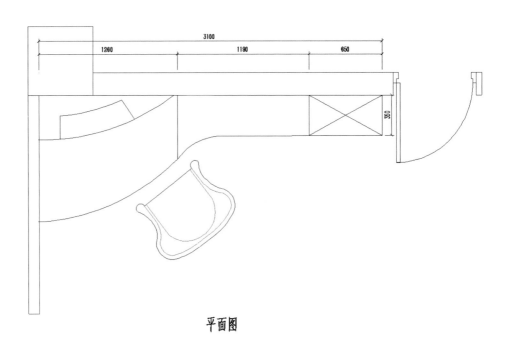

平面图

第21章 浴 室 柜

浴室柜是浴室放置物品的柜子，主要由台面、基体和台盆 3 个部分组成。各部分的选材和设计要点如下。

（1）台面可用的材料有天然石材、玉石、人造石材、防火板、烤漆板、玻璃、金属和实木等。

（2）基体是浴室柜的主体。从外观上看，虽然基体被台面所掩饰，但基体是浴室柜品质和价格的决定因素。

（3）台盆可用的材料有天然大理台、玉石、人造大理石、陶瓷等。大部分高档浴室柜采用的都是天然大理石或玉石，中低档浴室柜则会采用陶瓷。

浴室柜 1

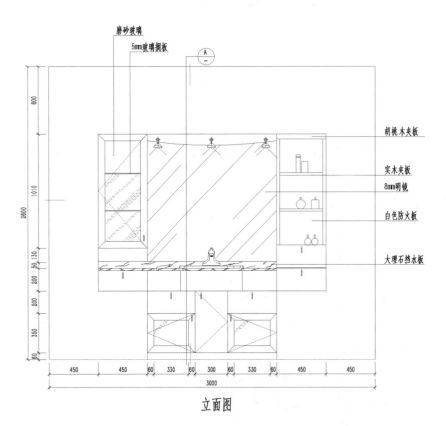

磨砂玻璃
5mm玻璃搁板
胡桃木夹板
实木夹板
8mm明镜
白色防火板
大理石挡水板

立面图

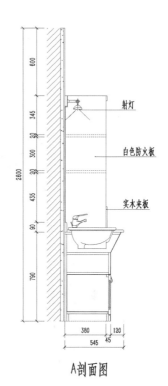

射灯
白色防火板
实木夹板

A剖面图

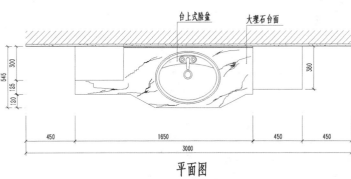

台上式脸盆   大理石台面

平面图

浴室柜 2

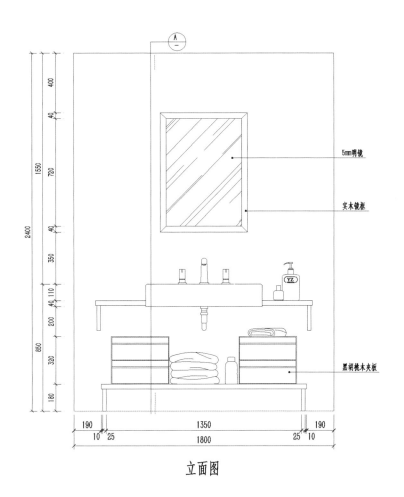

5mm明镜

实木镜框

黑胡桃木夹板

立面图

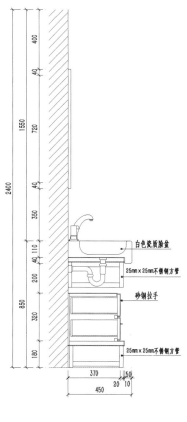

白色瓷质脸盆

25mm×25mm不锈钢方管

砂钢拉手

25mm×25mm不锈钢方管

A剖面图

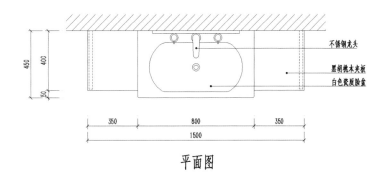

不锈钢龙头

黑胡桃木夹板

白色瓷质脸盆

平面图

浴室柜3

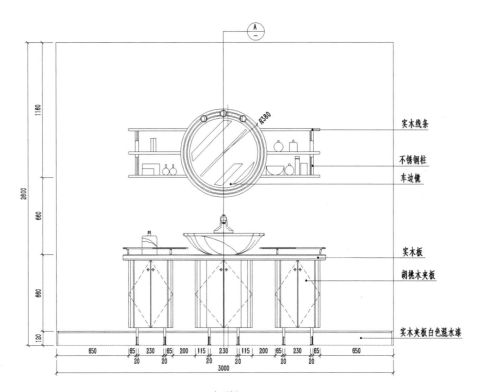

实木线条

不锈钢柱

车边镜

实木板

胡桃木夹板

实木夹板白色混水漆

立面图

壁灯

不锈钢

不锈钢

A剖面图

浴室柜4

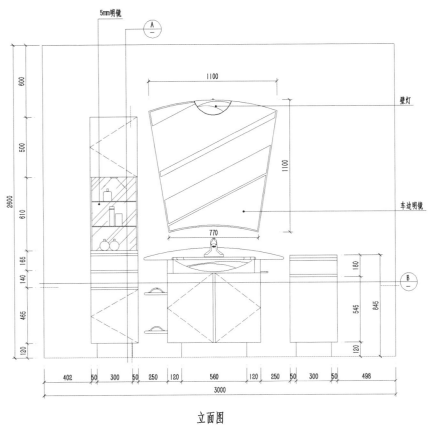

5mm明镜

壁灯

车边明镜

立面图

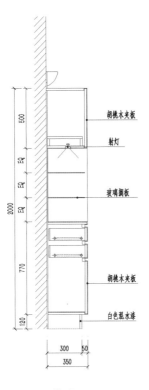

胡桃木夹板

射灯

玻璃搁板

胡桃木夹板

白色混水漆

A剖面图

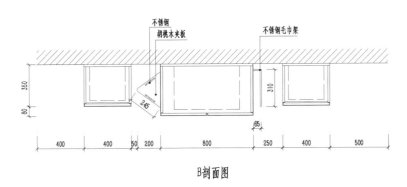

不锈钢
胡桃木夹板

不锈钢毛巾架

B剖面图

浴 室 柜 5

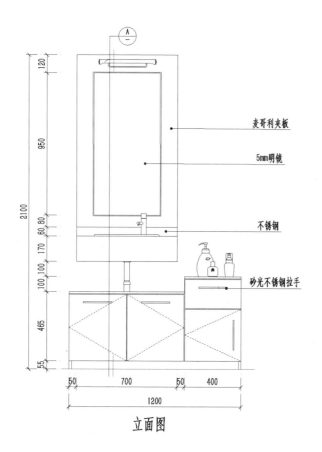

麦哥利夹板

5mm明镜

不锈钢

砂光不锈钢拉手

立面图

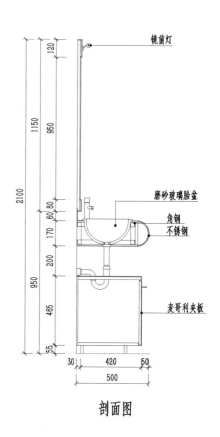

镜前灯

磨砂玻璃脸盆

角钢
不锈钢

麦哥利夹板

剖面图

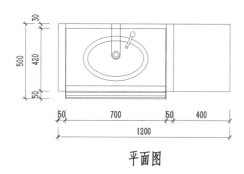

平面图

浴 室 柜 6

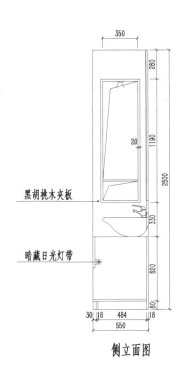

黑胡桃木夹板

暗藏日光灯带

侧立面图

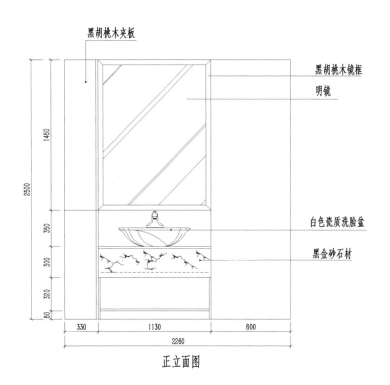

黑胡桃木夹板

黑胡桃木镜框

明镜

白色瓷质洗脸盆

黑金砂石材

正立面图

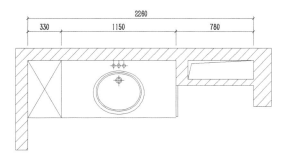

平面图

浴室柜 7

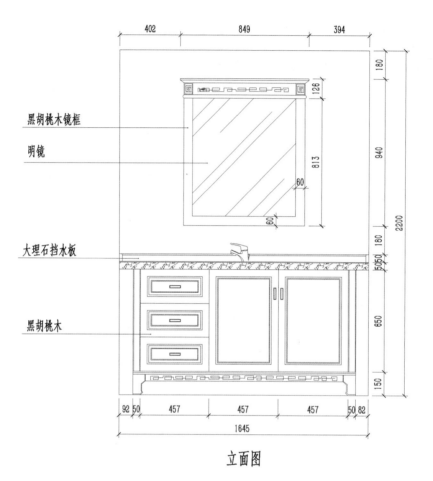

黑胡桃木镜框

明镜

大理石挡水板

黑胡桃木

立面图

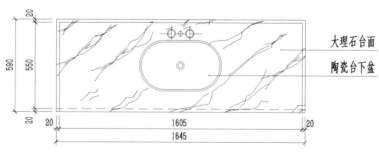

大理石台面

陶瓷台下盆

平面图

浴室柜 8

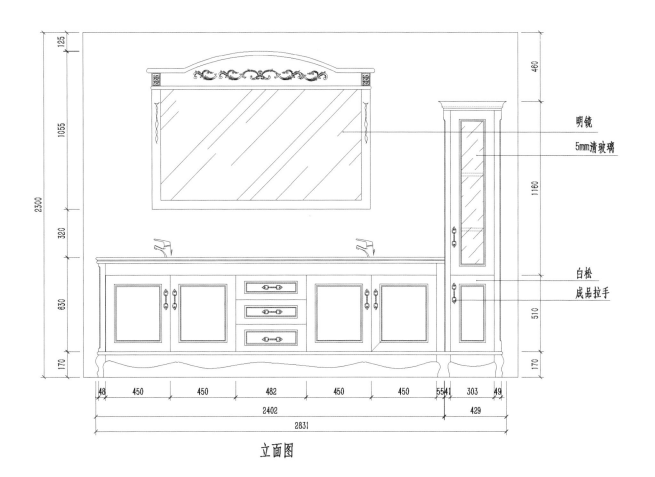

明镜
5mm清玻璃

白松
成品拉手

立面图

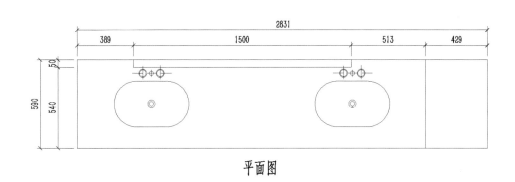

平面图

浴室柜 9

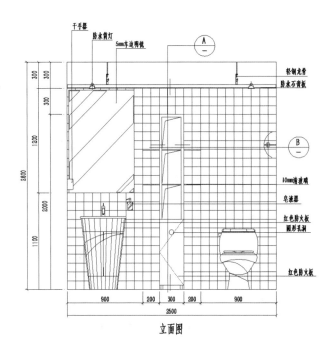

立面图

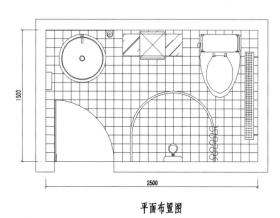

平面布置图

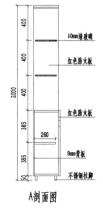

A剖面图

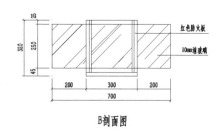

B剖面图

浴 室 柜 10

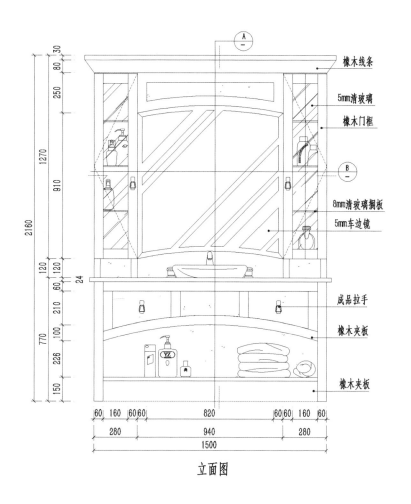

立面图

橡木线条
5mm清玻璃
橡木门框
8mm清玻璃搁板
5mm车边镜
成品拉手
橡木夹板
橡木夹板

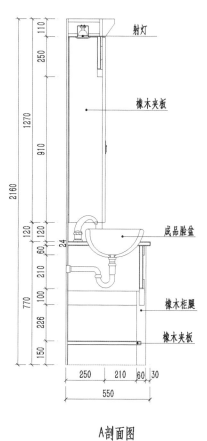

A剖面图

射灯
橡木夹板
成品脸盆
橡木柜腿
橡木夹板

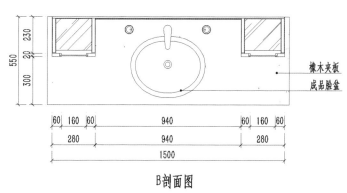

B剖面图

橡木夹板
成品脸盆